수학은 세상을 이렇게 본다

수학은 세상을 이렇게 본다

코지마 히로유키 지음
김부윤 · 정영우 옮김

KM 경문사

수학은 세상을
이렇게 본다

지은이 코지마 히로유키
옮긴이 김부윤 · 정영우
펴낸이 조경희
펴낸곳 경문사
펴낸날 2017년 3월 15일 1판 1쇄
등 록 1979년 11월 9일 제313-1979-23호
주 소 04057, 서울특별시 마포구 와우산로 174
전 화 (02)332-2004 팩스 (02)336-5193
이메일 kyungmoon@kyungmoon.com
facebook facebook.com/kyungmoonsa

값 16,000원

ISBN 979-11-6073-019-7

옮긴이의 말

‘수포자(수학포기자)’라는 말이 회자되고 있습니다. 사회적으로 기초과학, 특히 수학의 활용 분야가 확대되고, 그로 인해 중요성이 날로 커지고 있음에도 불구하고, 교육 현실은 사회적 요구에 역행하고 있는 듯합니다. 수학이 국력이 되는 국제 사회를 생각한다면 참담하기까지 합니다.

이 책의 저자인 코지마 히로유키(小島寛之)는 1958년 일본 도쿄에서 태어나 도쿄대학 이학부 수학과를 졸업하였습니다. 그는 중학생 때부터 수학자가 되는 것을 꿈꾸었지만, 도쿄대학 대학원 이학계연구과 수학 전공(현 수리과학연구과) 대학원의 입시에 세 번이나 떨어져 결국 수학자의 길을 포기하고 학원에서 중학생을 대상으로 수학을 가르쳤습니다. 그러던 중에 경제학자로 유명해진 우자와 히로후미(宇沢弘文 ; 1928~2014)의 강연을 듣게 되었고, 그것을 계기로 도쿄대학 대학원 경제학연구과에 진학하여 우자와 히로후미에게 사사했으며, 동 대학원에서 2008년 1월에 경제학박사학위를 받았습니다. 2000년 4월에 테이쿄대학 경제학부 전임강사가 되었으며, 2010년 4월에 교수로 승진하여 현재까지 테이쿄대학의 경제학과 교수로 재직하고 있습니다.

우자와 히로후미의 영향을 받은 코지마 히로유키는 수리경제학, 환경경제학, 의사결정이론, 게임이론을 전문으로 하는 경제학자로서 연구와 집필 활동을 왕성하게 하면서, 수학 수필가로서도 맹활약하고 있습니다. 또한 중·고등학생을 위한 수학 입문서에서부터

고급 학술서까지 많은 저서를 내고 있으며, 수리경제학의 관점에서 사회의 '공평성(公平性)'의 의미를 탐구하고 있습니다.

코지마 히로유키는 이러한 자신의 이력 속에서 수학의 중요성을 인식하고, 수학을 통해 사회현상을 읽어내고 있습니다. 이 책은 "수학은 세계를 인식하는 최고의 기술이다!"라는 그의 생각을 담아내고 있습니다. 수학이라고 하면 번거로운 계산을 필요로 하고, 현실과는 동떨어진 정리 또는 규칙을 배워야 하는, 귀찮기만 한 과목이라는 잘못된 이미지에 대해 그는 "진짜 수학은 그렇지 않습니다. 철학과는 다른, 독특한 시각으로 우리 주변의 세계를 더 잘 인식하기 위한 기술입니다."라고 강변하고 있습니다. 이를 위해 그는 '수학자의 안경으로 세상을 보면 어떨까?', '수학적인 세계관이란 무엇일까?'를 독자에게 체험시켜주고 싶어서 이 책을 집필했다고 합니다.

이 책을 통해서라면 '중학 수학만으로 현대 수학에서 가장 최근에 다루고 있는 주제까지 점프할 수 있다!'는 코지마 히로유키의 믿음에 일반 대중도, 고등학생이나 대학생도 다가갈 수 있습니다. 특별히 전문적인 대학수학을 제대로 배우지 않아도 진짜 수학의 기쁨과 감동을 체험할 수 있도록, 그는 수의 세계에서 도형을 어떻게 보는지부터 공간 속에서 소수를 찾는 주제에 이르기까지 기상천외하고 창조력이 넘치는 관점으로 독자들을 현대 수학의 세계로 인도하고 있습니다. 코지마 히로유키의 수학 안경으로 세상을 보면, 땅과 하늘이 선명하게 물들어가는 그런 다른 세계로의 모험을 즐길 수 있을 뿐만 아니라, 세상을 보는 시각이 180도 바뀌고, 중학 수학만으로도 진짜 수학의 기쁨과 감동을 체험할 수 있습니다.

이 책이 세상의 바탕이 되는 수학의 중요성을 깨치는 계기가 될 수 있기를, 그래서 수포자를 줄이는 데 도움이 되기를 바라며, 이 책이 출간되기까지 무한 정성을 기울여주신 경문사의 조경희 대표님, 그리고 편집부 관계자들에게 심심한 감사의 말씀을 드립니다.

2017년 2월

대표역자　김부윤

머리말

수학자의 안경을 쓰고 세상을 보자

이 책의 특징은 크게 다음 두 가지입니다.

* 수학이 세계를 보는 독특한 관점을 체험할 수 있다.
* 중학 수학만으로 현대 수학의 정신을 이해할 수 있다.

그러므로 고등학교 때 문과였던 일반 대중도 읽을 수 있으며, 고등학생이나 대학생 여러분도 이해할 수 있습니다.

많은 사람들이 수학을 '규칙에 얽매인, 그저 귀찮은 과목일 뿐'이라고 생각할 것입니다. 확실히 교과서로 배우는 수학에서는 그런 면을 부정할 수 없습니다. 그것은 '규칙이나 공식을 정확하게 외워서 사용할 수 있는가'라는 능력에 의해 아이들을 구별하는 '교육'의 목적을 생각하면 어쩔 수 없는 일이기도 합니다.

한편, 수학이라는 것은 인류가 2천년 이상에 걸쳐 구축해 온, 세상을 인식하기 위한 기술입니다. 따라서 진짜 수학은 이미지가 풍부하고 심원하며 꿈이 있는 분야입니다. 이것은 수학자가 세계를 바라보는 관점을 알면 납득할 수 있을 것입니다. 수학자가 창출해 내는 수학은 새롭고 기발한 관점으로 채워집니다.

이 책에서는 규칙이나 공식으로서의 수학을 가능한 한 피하고, '세상을 응시하는 안경'으로서의 수학을 설명하려 합니다. 그리고 그 '안경'을 획득한 독자들은 부산물로서 중·고등학교에서 배운 수학을 다른 방향에서 다시 이해할 수 있게 될 것입니다.

이 책은 모든 장이 중학 수학에서 출발합니다(일부에서는 고교수학을 다루는데, 그것도 중학교 지식으로 이해할 수 있도록 설명하고 있습니다). 양음의 수, 약수와 배수, 소수(素數), 분수, 문자식, 인수분해, 다항식, 일차함수, 일차부등식 등은 누구에게나 친숙한 개념입니다. 이것들이 무엇인지는 처음에 설명하는데, 교과서와는 조금 다르게 특이한 방식을 취합니다. 왜냐하면, 이 책에서는 규칙이나 공식을 훈련하는 대신, 이들 개념의 배후에 어떤 사상이나 철학이 숨겨져 있는가를 발굴하는 작업을 하고 있기 때문입니다. 그리고 이 발굴 작업을 발판으로 삼아 중학 수학에서 현대의 첨단수학으로 일약 점프할 수 있을 것입니다.

중학 수학 → (점프) → **현대 수학**

여기까지 읽은 독자들 중 황당한 이야기라고 생각하는 사람도 있을 것입니다. 중학 수학만으로 현대 수학을 설명할 수 없다고 생각할 것입니다. 그러나 '중학 수학 → (점프) → 현대 수학'은 절대 과장이 아닙니다. 그 본질을 중학 수학만으로 뚜렷하게 보일 수 있는 현대 수학의 개념도 분명히 존재합니다. 실제로 이 책에서는 아이디얼, 유한체, 호몰로지군, 위상공간, 스킴이라는 현대 수학의 개념을 설명하고 있습니다. 이 전문용어를 처음 듣는 독자도 있을 것입니다. 그도 그럴 것이 수학과에 다니지 않으면 이공계 대학생이더라도 배우지 않는 내용이기 때문입니다. 목차를 보고 기가 죽은 사람도 있을지 모르지만 괜찮습니다. 이 책은 중학 수학만을 전제 지식으로 하여, 성가신 계산이나 알기 힘든 증명은 절대 다루지 않고, 대부분

구체적인 예만으로 설명하기 때문입니다.

보통 현대 수학의 많은 개념은 적어도 고등 수학을 (가능하면 대학수학도) 완전히 알지 않으면 이해할 수 없습니다. 특히 미적분과 행렬 지식은 필수입니다. 그러므로 많은 사람에게 있어 현대 수학은 자신과 상관없는 존재가 되고 맙니다. 그러나 이 책에서 소개하는 개념에 한해서는 고등 수학을 알지 못하더라도 이해할 수 있습니다. 아니, 오히려 이렇게 말하는 것이 정확할 것입니다. **"중학 수학에서만 이해할 수 있는 개념일수록 세상을 보는 관점으로서 보다 본질적이고 사상적이며 철학적인 것이다."**라고. 이들 개념은 도형의 모양을 파악하기 위한 대수계산이나, 공간이 아닌 것을 공간으로 만드는 발상 같은 것입니다. 그러한 상상력과 창조력이 풍부한 관점이므로 독자는 수학자들이 보통의 사람들과는 다른 시계(視界)나 발상이나 인식을 가지고 있음을, 긴 준비를 강요당하는 일 없이, 직접적인 형태로 실감할 수 있을 것입니다. 그리고 인류가 갖추고 있는 끝 없는 인식의 힘으로 경외심을 품을 수 있을 것입니다.

세상을 보는 관점이 바뀌는 것은 아주 즐거운 일입니다. 아이에서 어른이 되었을 때, 사랑을 했을 때, 맛있는 음식을 처음 먹었을 때, 세상을 보는 관점은 이전과 달라집니다. 이것은 수학 지식에서도 똑같습니다. 세상을 바라보는 관점이 바뀌면 삶이 풍부해지고, 인생에 깊이가 더해지며, 생활방식이 긍정적으로 변합니다.

이 책을 통해 수학의 사상적인 측면과 철학적인 측면을 이해하고, 세상을 보는 눈이 넓어지기를 바랍니다.

차례

소수를 보는 방법

1

수학자들이 독특한 수의 세계를 바라보는 방법을 소개하면서 가장 먼저 이야기하고 싶은 것은 '정수', 그중에서도 특히 '소수'이다. 이는 중학교 1학년 교육과정에서 배우는 사항이지만, 현대 수학에서 여전히 연구대상이기도 하다. 정수나 소수에는 수학자가 해명할 수 없는 많은 수수께끼가 있기 때문이다. 즉, 정수나 소수에는 끝없는 매력이 있어 수학자를 사로잡고 있다. 이 장에서는 정수와 소수의 기본을 소개하고, 소수를 현대적으로 보는 방법인 '아이디얼'이라는 개념을 다룬다.

정수의 세계

정수는 중학교에서 처음 배우는 수이다. 초등학교에서 배우는 수에서 진일보한 것은 정수가 **음의 수**를 포함한다는 사실이다. 초등학교에서 배우는 정수는, 자연수

$$1,\ 2,\ 3,\ \cdots$$

에 0을 추가한

$$0,\ 1,\ 2,\ 3,\ \cdots$$

인데, 중학교에서는 거기에 음의 정수

$$-1,\ -2,\ -3,\ \cdots$$

을 덧붙인다.

음의 수로 가장 일상적인 예는 기온을 나타낼 때 '영하'의 지표를

---

* 일러두기: 이 책의 주석은 모두 옮긴이가 추가한 것이다.

사용하는 것이다(-10°C와 같이). 그러나 이것은 단순히 물이 어는 온도를 0이라 하고, 그것을 기준으로 하여 그보다 낮은 온도를 마이너스라 하는 것일 뿐이다. 이것은 수학에서 '순서'라 부르는 사고방법이지만, 대수를 전개하기 위해서는 순서의 사고방법만으로는 역부족이다.

수학에서 음수의 첫 번째 역할은 '더해서 0을 만든다'는 것이다. 즉, '더한다'는 '대수 조작' 개념으로 음수를 파악하는 것이 중요하다. 예를 들어, '3에 더해서 0이 되는 수'를 '-3'이라 한다. 즉,

$$3+(-3)=0$$

이다. 일상생활 속에서 비슷한 것을 찾자면, '산에 알칼리를 섞어서 중화한다'는 조작을 들 수 있다. 경제활동 속에서 비슷한 것을 찾자면, '빚'일 것이다. 예를 들어, 위의 식은 '3만원의 빚이 있을 경우에 3만원의 수입이 있으면 0이 된다'로 해석할 수 있다. 이렇게 '플러스 a'와 '마이너스 a'는 서로 '반대의 수'이다.

'더해서 0을 만드는' 것이 중요한 이유는 0이 특별한 수이기 때문이다. 0은 어떤 정수에 더하더라도 그 수를 변화시키지 않는다. 식으로 쓰면,

$$0+a=a$$

라는 것이다. 0은 이렇게 영향을 주지 않는 '투명한 수'이다.

여기서 정수를 전부 열거하고, 그것을 집합 기호로 써 두기로 하자.

수나 수학적 대상을 모은 모임을 일반적으로 **집합**이라 부른다. 집합은 { } 로 묶어서 표기한다. 이 표기방법으로 나타낸 **정수의**

집합은 다음과 같이 나타낸다.

$$\mathbb{Z} = \{\cdots,\ -3,\ -2,\ -1,\ 0,\ 1,\ 2,\ 3,\ \cdots\}$$

이렇게 정수의 집합은 전통적으로 $\mathbb{Z}$라는 기호로 표기한다. 독일어로 수를 의미하는 단어(Zahlen)가 $\mathbb{Z}$로 시작되기 때문이다. 이를 통해 지금은 수학의 중심지가 미국이지만, 이전에 독일이 수학의 중심지였던 시대가 있었음을 알 수 있다.

정수의 집합 $\mathbb{Z}$의 특징은 다음과 같이 정리할 수 있다.

정수의 집합 $\mathbb{Z}$의 특징

(1) 덧셈, 뺄셈, 곱셈에 닫혀 있다(즉, 계산 결과는 정수이다).

(2) 덧셈에 있어 특별한 수 0을 포함하며, 덧셈에서 0을 만들기 위한 음수를 포함한다.

(3) 곱셈에 있어 특별한 수 1을 포함하고 있다.

(1), (2), (3)에는 구태여 쓰지 않았지만, 덧셈이나 곱셈이 교환법칙을 만족하는 계산이라는 것, 즉

$$a+b=b+a \quad \text{및} \quad ab=ba$$

가 성립하는 계산임을 전제로 하고 있다. 이것은 '계산 순서를 바꾸어도 같은 결과가 된다는 것'을 나타낸다. 또 이들이 결합법칙을 만족하고 있다는 것, 즉

$$a+(b+c)=(a+b)+c \quad \text{및} \quad a(bc)=(ab)c$$

도 전제로 한다. 이것은 '일련의 계산을 어디서부터 하더라도 결과

가 변하지 않는다는 것'을 나타낸다. 더욱이 또 하나의 법칙으로서 분배법칙

$$a(b+c)=ab+ac$$

도 전제하고 있다. 이것은 '두 수를 더한 것에 어떤 수를 곱하는 것은, 먼저 어떤 수를 곱한 뒤에 더하는 것과 같다는 것'을 의미하는 법칙이다. 이들 법칙은 초등학교 때부터 자연스러운 것으로 여겨지므로 보통은 특별히 의식하지 않는다. 이 책에서도 이후에 이 세 가지 계산법칙에 대해서는 일일이 언급하지 않기로 한다.

'닫혀 있다'라는 단어는 '계산결과가 같은 집합에 포함되어 있다'는 것을 의미한다. 즉, '정수끼리의 덧셈, 뺄셈, 곱셈의 결과는 정수이다'는 것이다. 자연수(1, 2, 3, …)는 덧셈과 곱셈에 닫혀 있지만, 뺄셈에서는 닫혀 있지 않다. 예를 들어, 뺄셈 '$1-3$'의 결과인 '-2'는 자연수가 아니다. 자연수의 집합을 확장해서 뺄셈에 대해서도 닫혀 있도록 하기 위해서는 최소한 정수의 집합까지 확장할 필요가 있다.

숫자 1이 특별한 이유는

$$1\times x=x$$

즉, '무엇에 곱하더라도 상대를 변화시키지 않음'이 성립하기 때문이다.

여기서 정수가 '나눗셈에 닫혀 있지 않다'는 것에 주의할 필요가 있다. 정수끼리 나눈 답은 정수인 경우도 있고, 정수 속에 존재하지 않는 경우도 있다. 예를 들어, 정수끼리의 나눗셈 '$8\div 3$'의 결과는 정수가 아니다. 그러므로 나눗셈의 결과가 정수가 되는 경우인 약수

와 배수가 흥미로운 개념인 것이다. 이는 다음 절에서 이야기한다.

이와 관련하여, 수학에서는 정수의 집합 $\mathbb{Z}$의 특징 (1)~(3)(그리고 덧셈·곱셈에 대한 교환, 결합, 분배법칙)을 만족하는 집합이 정수의 집합 $\mathbb{Z}$ 외에도 여러 가지 발견되었다. 이 구조를 가진 집합을 현대 수학에서는 **가환환(可換環)**이라 부른다. 정수는 대표적인 가환환이고, 그 외에도 여러 가지가 있다. 이 가환환이야말로 이 책의 드러나지 않는 주역 가운데 하나임은 머지않아 알게 될 것이다.

약수와 배수, 그리고 소수

앞 절에서 설명한 것처럼, 정수는 나눗셈에 대해 닫혀 있지 않다. 따라서 '정수÷정수'는 정수 안에 답이 있을 수도 있고 없을 수도 있다. 정수 b를 정수 a로 나눈 답이 정수가 될 때, b는 'a의 **배수**'라 부르며, a는 'b의 **약수**'라 부르는 것은 잘 알고 있을 것이다.

약수와 배수가 인간 사회에서 흥미의 대상이 된 것은 '등분한다'는 것이 중요했기 때문이다. 예를 들어, 12개의 과일은 2명에게도, 3명에게도, 4명에게도, 6명에게도 같은 개수로 나누어줄 수 있다. 하지만, 11개의 경우에는 11명에게만 나누어줄 수 있다. 11의 약수는 1을 제외하고 11밖에 없기 때문이다. 1일을 24시간으로 정하고, 한 바퀴를 360°로 정한 것은 24나 360은 약수가 많은 수이므로 여러모로 편리하기 때문일 것이다.

덧붙여서 수학에서는 약수와 배수의 정의에 음수도 포함된다. 예를 들어, 12의 약수는

$$12,\ 6,\ 4,\ 3,\ 2,\ 1,\ -1,\ -2,\ -3,\ -4,\ -6,\ -12$$

로 모두 12 개이다.

약수와 배수의 관점에서 볼 때, 1 과 -1 은 특별한 정수이다. 바로 '모든 정수의 공통인 약수'이기 때문이다. 수학에서는 이러한 '모든 수의 공통인 약수'를 **단위수**(單位數; unit)라 부른다. '단위수이다'라는 말은 '1 의 약수이다'라는 말과 같다. 여기서 독자는 왜 특별히 '단위수'라는 새로운 이름을 붙이는지, ± 1 로 충분하지 않은지 궁금할 것이다. 정수의 집합 $\mathbb{Z}$만 다룬다면, 물론 그럴 것이다. 그러나 앞 절에서 다루었듯이, 정수와 같은 대수적 구조를 가지는 가환환은 그 외에도 많이 있다. 그러므로 단위수라는 개념을 정의해두는 것이 편리하다.

어떤 정수 x 라도 반드시 단위수 ± 1 과 자기 자신 x 와 그것의 -1 배인 $-x$ 의 4개를 약수로 가지고 있다. 이것을 **자명한 약수**라 부른다.

자명한 약수 이외에 약수를 가지지 않는 2 이상의 정수를 **소수**(素數; prime number)라 부른다. 앞에서 이야기한 '등분'의 관점에서는 '1 개씩 등분하는 방법밖에 없는 수'이다. 좀 더 단순하게 말하면, 소수라는 것은 '단위수를 사용하지 않는 곱셈에서는 이 이상 분해할 수 없는 최소 단위'라고 할 수 있다. 소수를 작은 순서로 열거해보면,

$$2,\ 3,\ 5,\ 7,\ 11,\ 13,\ 17,\ 19,\ 23,\ 29,\ 31,\ \cdots$$

이 된다. 2 이외는 모두 홀수인 것은 당연하지만, 조금만 생각해보면 알 수 있듯이 소수는 매우 불규칙하게 나타난다. 사실, 소수만 골라내는 간단한 규칙이나 식은 현재까지 발견되지 않고 있다. 소수인지 아닌지를 확인하기 위해서는 기본적으로 작은 수부터 차례

로 나누어보고 (자기 자신이 아닌) 2 이상의 약수가 있는지를 판정할 수밖에 없다. 이 방법은 큰 숫자의 경우에 컴퓨터로도 방대한 시간이 걸리는 작업이다.

소수의 매력

소수는 옛날부터 수학자들을 매료해 왔다. 불규칙하게 나타나지만, 어느 정도의 법칙성이 발견되기 때문이다. 예를 들어, 소수가 중간에 없어지지 않고 무한히 존재함은 기원전 그리스 시대부터 알려진 사실이다. 이것은 다음 절에서 설명한다.

또 'p를 소수라 하고, n을 임의의 자연수라고 하면, $n^p - n$이 반드시 p의 배수가 된다'는 것이 17세기의 수학자 페르마에 의해 증명되었다. 혹은 '자연수 n에 대해서, n 이상 $2n$ 이하에 반드시 소수가 존재한다'는 것이 체비세프[1]에 의해 증명되었다.

옳다고 예상은 되지만, 증명되지 않는 법칙도 있다.

예를 들어, 3과 5, 11과 13, 29와 31 등과 같이 2 떨어진 소수의 쌍을 **쌍둥이 소수**(twin primes)라 부른다. 쌍둥이 소수가 무한 쌍 존재한다는 것은 옛날부터 예상되고 있지만, 지금까지 증명하지 못했다. 21세기가 되어서 이 예상에 진전이 있었다. 차가 600 이하인 소수의 쌍이 무한 쌍 존재한다는 것이 2013년에 증명된 것이다. 차가 2라는 것과 차가 600이라는 것은 너무 큰 차이라고 생각할지 모르지만, 수학적으로는 큰 진전이다. 600에 해당하는 수치를 점점 줄이는 데 성공한다면 머지않아 2에 도달할지도 모른다.

---

1) Pafnuty Lvovich Chebyshev(1821~1894): 러시아의 수학자로, 소수 이론과 함수의 근사를 주로 연구했다.

정수론의 기본정리

소수가 중요한 것은 다음 성질이 성립하기 때문이다.

> **정수론의 기본정리**
> 모든 정수는 반드시 소수와 단위수만의 곱으로 나타낼 수 있다. 게다가 단위수를 무시한 소수의 곱 부분은 한 가지로 정해진다.

이것을 '정수론의 기본정리'라 부른다. 예를 들어, -12는

$$-12=(-1)\times 2\times 2\times 3$$

이라든지

$$(-1)\times(-1)\times(-1)\times 2\times 2\times 3$$

등과 같이 곱셈으로 나타낼 수 있다. 곱셈의 표현 자체는 이렇게 몇 가지 있지만, 단위수를 제외한 소수의 곱 부분, $2\times 2\times 3$은 일의적이다. 이 정리에서 알 수 있듯이, 원자가 결합에 의해 물질을 구성하는 최소 단위가 되는 것과 마찬가지로 소수는 정수를 곱셈으로 구성하는 최소 단위가 된다.

이 정리는 정수를 분석하는 기본정리이지만, 엄밀한 증명(특히 일의성 부분의 증명)을 하는 것은 의외로 힘이 드는(게다가 재미없는) 작업이므로 이 책에서는 생략한다.

소수를 찾는 방법

소수가 무한하다는 것은 기원전의 그리스 수학자 유클리드에 의해 이미 증명되었다. 그 증명은 구체적으로 소수를 얻는 방법도 겸비한 우수한 증명이었다.

먼저 소수 2에서 출발한다. 이것에 1을 더하면 다음 소수인 3을 얻는다. 또 소수 2와 3을 곱해서 1을 더한다. 즉, $2 \times 3 + 1 = 7$이다. 이것은 소수이므로 3번째 소수가 얻어졌다. 다음으로 지금까지 얻은 3개의 소수를 모두 곱해서 1을 더한다. $2 \times 3 \times 7 + 1 = 43$이다. 이것도 소수이므로 4번째 소수가 얻어졌다. 다시 지금까지 얻어진 소수를 모두 곱해서 1을 더한다. 즉, $2 \times 3 \times 7 \times 43 + 1 = 1807$이다. 이것은 안타깝지만 소수가 아닌데, 이 수의 (단위수가 아닌) 최소의 양의 약수 13 ($1807 = 13 \times 139$)이 지금까지 얻지 못한 5번째 소수가 된다. 다음은 얻어진 2, 3, 7, 43, 13을 곱해서 1을 더한 것을 사용하면 된다.

실제로, 이 과정에서는 반드시 새로운 소수를 얻을 수 있다. 왜냐하면, 이 순서로 한 단계 앞까지에서 얻어진 소수를 2, 3, 7, 43, 13, … , p라 하고, 이들을 모두 곱해서 1을 더한 수를 n이라 하면, 이 n은 2로 나누어도, 3으로 나누어도, 7로 나누어도, 43으로 나누어도, … , p로 나누어도 반드시 1이 남으므로, 한 단계 앞까지에서 얻어진 2, 3, 7, 43, 13, … , p의 어떤 소수의 배수도 되지 않는다. 따라서 n의 약수 속에는 반드시 새로운 소수가 포함된다. 그 하나를 골라서 이 단계에서의 소수로 하면 된다.

위의 '새로운 소수를 얻는 방법'은 매우 쉽지만 안타깝게도 전혀 실용적이지 않다. 이렇게 계산하면 금방 아주 큰 수가 되고, 그 약수가 되는 소수를 찾는 일은 컴퓨터로 하더라도 실행불가능하기 때문이다.

새로운 소수를 컴퓨터로 찾는 방법으로 실제로 이용되고 있는 것은 **메르센 소수**라 불리는 특별한 소수를 찾는 기술이다. 덧붙이면, 메르센(Mersenne)은 16세기에서 17세기의 신학자이자 수학자였다.

메르센 소수

메르센 소수란 2의 n제곱에서 1을 뺀 수, 즉 2^n-1이라는 형태의 소수이다.

최초의 메르센 소수는 $2^2-1=3$이고, 두 번째 메르센 소수는 $2^3-1=7$이다. 이 계산의 결과가 언제나 소수인 것은 아니다. 예를 들어, $2^4-1=15$는 3을 약수로 가지므로 소수가 아니다.

2^n-1이라는 형태의 수가 소수인지 아닌지를 확인하기 위한 비교적 간단한 방법이 있다. 그것은 루카스[2] 판정법(Lucas test)으로, 사람이 직접 계산하기는 어렵지만 컴퓨터를 사용할 때는 비교적 적절한 계산법이다. 그렇다고 해도 컴퓨터 1대로는 무리이고, 많은 컴퓨터를 인터넷으로 연결하여 병행계산을 실행해야 가능한 판정법이다. 이 방법에 의해, 현재 48개의 메르센 소수가 발견되어 있다. 현 시점(2014년 3월)에서 가장 큰 소수는 2013년 1월 25일에 발견된

2) François Édouard Anatole Lucas(1842~1891): 프랑스의 수학자로 $2^{127}-1$이 소수임을 증명했다.

1742만 5170자릿수이다.3)

단, 메르센 소수가 무한히 존재하는지는 아직 알 수 없다. 이것은 매우 어려운 문제라고 수학자들은 생각하고 있다. 게다가 메르센 소수가 유한개밖에 없으면, 이 방법으로 소수를 찾는 것은 언젠가 쓸모없는 일이 될 것이다.

소수에서 아이디얼로

단순한 사물의 모임에 지나지 않는 집합을 수학의 대상으로 연구한 사람은 19세기의 수학자 칸토르(Cantor)와 데데킨트(Dedekind)였다. 그들에 의해 **집합 이론**이 구축되었다. 데데킨트는 특히 정수의 집합에 대해서 깊이 연구했다. 약수와 배수도 집합으로 다루면 큰 발전성을 가지고 있음을 깨달은 사람은 데데킨트였다. 수학은 의외로 간단한 착상에서 새로운 시계(視界)가 열린다.

예를 들어, 2의 배수(짝수)의 집합은

$$\{\cdots, -4, -2, 0, 2, 4, 6, \cdots\}$$

인데, 이것은 다음과 같은 성질을 가진다.

3) 2017년 3월 현재까지 발견된 가장 큰 소수는 2233만 8618자릿수로 49번째 메르센 소수이다.

2 의 배수의 집합이 가지는 성질

(1) 이 집합에 속하는 어떤 두 수의 합과 차도 각각 이 집합에 속한다.

(2) 이 집합에 속하는 어떤 수에든 임의의 정수를 곱한 결과도 이 집합에 속한다.

(1)은 (짝수)+(짝수)가 언제나 (짝수)이며, (짝수)−(짝수)도 언제나 (짝수)라는 것을 나타내고 있다. (2)는 (짝수)×(정수)가 반드시 (짝수)임을 나타내고 있다.

이것은 2 의 배수에 한정되지 않고, 어떤 정수의 배수의 집합에서도 성립한다. 즉, n 의 배수의 집합을 I 라 할 때, 다음 두 가지 성질이 성립하기 때문이다.

정수 n 의 배수의 집합 I 가 가지는 성질

(1) a 와 b 가 I 에 속하면, $a+b$ 도 $a-b$ 도 I 에 속한다.

(2) a 가 I 에 속하면, 임의의 정수 m 에 대해서 곱 $m \times a$ 도 I 에 속한다.

이 두 가지 성질을 가지는 집합 I 를 특별히 **아이디얼**(ideal)이라 부른다. 정수의 집합 $\mathbb{Z}$ 에서 하나의 정수 n 의 배수를 전부 모은 집합을 I 라 하면, I 는 반드시 아이디얼이 된다. 그리고 그 역도 성립한다. 즉, 정수의 집합 $\mathbb{Z}$ 에서 아이디얼은 '어떤 정수 n 에 대해서 그 배수의 전체'라는 형태의 집합으로 한정된다(이는 124쪽에서 증명한다).

즉, 정수에서 아이디얼이란 배수의 다른 말이다. 즉, 아이디얼과 배수는 같은 개념이다. 그러므로 아이디얼 같은 개념은 불필요하다고 생각하는 사람도 당연히 있을 것이다. 하지만 실제로는 그렇지 않다. 앞에서 말했듯이, 정수와 같은 대수구조를 가진 대수계(가환환)는 그 외에도 많이 있다. 그러한 다른 종류의 대수계에서 아이디얼을 생각하는 것은 배수라는 개념을 더 넓은 세계로 장착시키는 것을 의미한다. 이는 수학적인 시야를 크게 넓히는 것과 연결된다.

소수를 도형으로 파악한다

'정수 n의 배수 전체'라는 형태의 아이디얼을 n에 괄호를 붙여서 (n)으로 나타낸다. 예를 들어, 2의 배수 전체로 이루어지는 아이디얼은

$$(2)=\{\cdots,\ -4,\ -2,\ 0,\ 2,\ 4,\ 6,\ \cdots\}$$

이다. 정수의 집합 $\mathbb{Z}$에서 아이디얼은 이런 (n)이라는 형태에 한정됨은 앞 절에서 다루었다(증명은 미루었다). 그 외의 가환환에서는 이 형태가 아닌 아이디얼도 존재하므로 이 표기법은 분명히 의미가 있다.

아이디얼 (n)에는 특수한 것이 두 가지 있다. 하나는 '1의 배수 전체'를 만드는 아이디얼이다. 이것은 당연히 정수 전체이다. 즉,

$$(1)=\mathbb{Z}$$

이다. 또 하나는 0의 배수 전체로 이루어지는 아이디얼이다. 이것은 0만으로 이루어지는 집합 $\{0\}$이다. 즉,

$$(0) = \{0\}$$

이다.

이제 아이디얼이라는 새로운 관점을 손에 넣었으므로, 이것을 이리저리 가지고 놀고 싶을 것이다. 먼저, 아이디얼끼리의 '포함관계'를 비교해보자.

예를 들어, '4의 배수 전체로 이루어지는 아이디얼' = (4)를 생각해보자.

$$(4) = \{\cdots, -16, -12, -8, -4, 0, 4, 8, 12, 16, \cdots\}$$

이것은 내부에 '8의 배수 전체로 이루어지는 아이디얼'을 포함하고 있다. 즉, 위의 집합에서 하나 건너의 수를 모아서 집합을 만들면

$$(8) = \{\cdots, -16, -8, 0, 8, 16, \cdots\}$$

이 만들어진다는 것이다. 그림으로 나타내면, 그림 1-1과 같다.

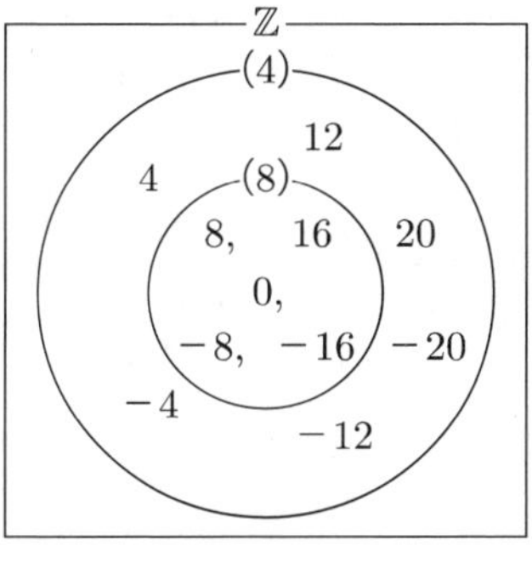

(8)은 (4)에 포함된다

그림 1-1

즉, 아이디얼 (4) 안에 아이디얼 (8)이 들어 있는 것이다. 이것을

집합 기호로는

$$(8) \subseteq (4)$$

로 나타낸다. 이렇게 집합 속에 완전히 포함되는 집합을 '부분집합'이라 부른다. 이러한 포함관계는 8은 4의 배수이므로, 8의 배수는 자동적으로 4의 배수가 되기 때문에 일어난다. 즉,

b가 a의 배수
⇔ 아이디얼 (b)는 아이디얼 (a)의 일부이다
⇔ $(b) \subseteq (a)$

라는 것이다(그림 1-2).

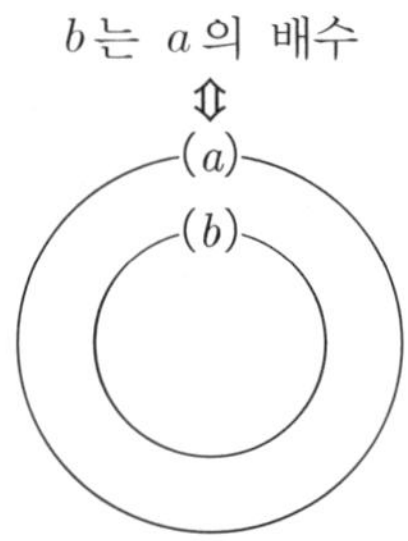

그림 1-2

여기서 4는 2의 배수이므로

$$(8) \subseteq (4) \subseteq (2)$$

라는 커져가는 아이디얼의 연쇄(chain)가 생긴다. 더 확장할 수 있을까? 여기서 2가 소수라는 것이 도움이 된다. (2)를 진부분으로 포함하는 아이디얼은 2의 약수로 만들어지는 아이디얼이다. 즉, 1

의 배수인 아이디얼 = 정수 전체 $\mathbb{Z}$밖에 없다.

$$(8) \subseteq (4) \subseteq (2) \subseteq \mathbb{Z}$$

아이디얼 (2)가 그러하듯이, $\mathbb{Z}$가 아닌 아이디얼 I에서, 아이디얼 I를 진부분으로 포함하는 아이디얼이 정수 전체 $\mathbb{Z}$밖에 없는 ($\mathbb{Z}$가 아닌) 아이디얼 I를 **극대 아이디얼**이라 한다. 극대라는 것은 글자 그대로 '이 이상 큰 것은 없다'라는 의미이다. 이것을 그림으로 나타내면 그림 1-3과 같다.

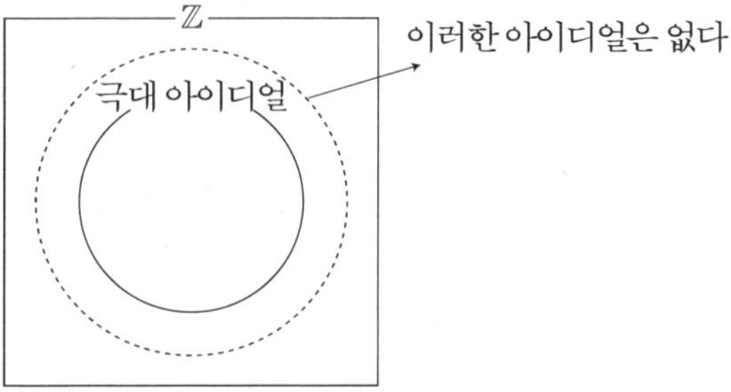

그림 1-3

아이디얼의 포함관계와 약수와 배수의 관계가 대응하고 있음을 이해하면, 극대 아이디얼이란 소수의 배수로 이루어지는 아이디얼뿐임을 발견할 수 있을 것이다. 즉,

$$\text{아이디얼 } (n)\text{이 극대 아이디얼} \Leftrightarrow n\text{이 소수}$$

라는 것이다. 관점을 바꾸면, 'n이 더 이상 작은 곱으로 분해되지 않는다'는 것과, 'n이 만드는 아이디얼이 극대가 된다'는 것은 동치이다. 이것은 '소수를 도형화한 관점'이라고 할 수도 있다. 아이디얼을 통한 이러한 관점이 '소수를 보는 현대적인 관점'이다.

소수와 아이디얼의 또 하나의 관계

소수를 아이디얼 측면에서 달리 보면, 극대 아이디얼 이외에 또 하나의 중요한 아이디얼이 떠오른다. 그것이 **소(素)아이디얼**이다.

소아이디얼이란 다음 성질 (☆)을 가지는 ($\mathbb{Z}$가 아닌) 아이디얼 I 이다.

> **소아이디얼의 성질**
>
> (☆) 정수의 곱 xy가 아이디얼 I에 포함되면, x나 y 중 적어도 한쪽은 I에 포함된다.

이 성질을 그림으로 나타내면 그림 1-4와 같다.

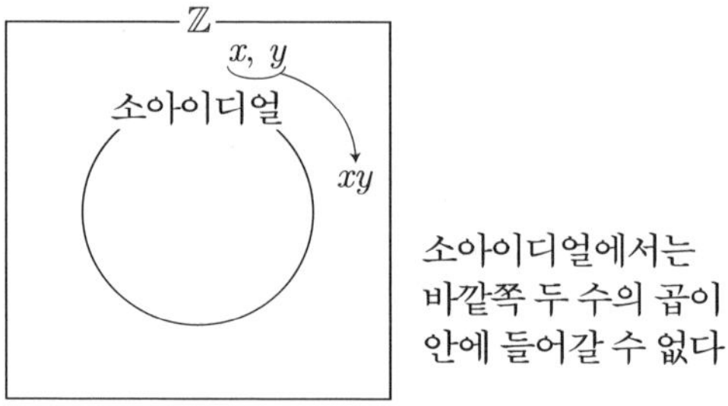

그림 1-4

그림 1-4에서 보듯이, 소아이디얼이란 '바깥쪽에서 아무리 곱셈을 하더라도 아이디얼 안에 들어가는 수를 만들 수 없다'는 것이라 이해할 수 있다. 즉, '바깥쪽이 곱셈에 대해 닫혀 있다'는 것이다. 이것은 극대 아이디얼의 그림에서 본 것과는 또 다른 성질임을 알

수 있을 것이다.

예를 들어, 3의 배수의 아이디얼 (3)은 소아이디얼이 된다. 왜냐하면, 곱 xy가 아이디얼 (3)에 속하면, xy가 3의 배수가 되고, 그러면 xy의 소인수분해에서는 소수 3이 나타난다. 그렇다면, x나 y 중 적어도 한쪽의 소인수분해에서 소수 3이 나타나지 않으면 안된다. 즉, x나 y 한쪽이 아이디얼 (3)에 속하고 있음을 알 수 있다.

이것은 3이 소수이기 때문이다. 즉, n이 소수이기만 하면, 3이 아니라도 (n)은 소아이디얼이 된다.

그러나 소아이디얼에는 예외적인 것이 존재한다. 그것은 0의 배수인 아이디얼 (0)이다. 곱 xy가 아이디얼 (0)에 속하면, $xy=0$이다. 0이 아닌 두 수를 곱해서 0이 되는 경우는 없으므로 x나 y는 적어도 한쪽이 0이어서 아이디얼 (0)에 속한다. 따라서 아이디얼 (0)은 소아이디얼이다. 실은 0이 가지는 성질은 고차방정식을 푸는 중요한 원리이다. 이것은 제5장에서 설명한다.

한편, 이들 이외에 소아이디얼이 존재하지 않음은 간단히 알 수 있다. 예를 들어, 소수가 아닌 정수 6의 배수의 아이디얼 (6)은 소아이디얼이 되지 않는다. 왜냐하면, $x=2$, $y=3$이라 두면, $xy=6$은 아이디얼 (6)에 속하지만, $x=2$도 $y=3$도 아이디얼 (6)에는 속하지 않기 때문이다.

이상으로부터 정수의 집합 $\mathbb{Z}$에서 소아이디얼은

$$(0),\ (2),\ (3),\ (5),\ (7),\ (11),\ \cdots$$

과 같이 '소수의 배수' 또는 '0만으로 이루어지는 집합'임을 알 수 있다. 즉, 극대 아이디얼과의 차이는 (0)뿐임을 알 수 있었다. 이것은 정수라는 가환환의 특수한 성질이며, 일반적인 가환환에서는 극

대 아이디얼과 소아이디얼은 상당히 다른 것이 됨을 뒤에서 알게 된다.

다양한 세계에 소수가 나타난다

이상과 같이, 소수를 극대 아이디얼이나 소아이디얼로 파악함으로써 소수의 개념을 추상화할 수 있었다. 이러한 추상화에 의해 언뜻 보기에는 정수와 관계없는 것으로 보이는 수학의 세계에 '소수의 대응물'을 도입하는 것이 가능해진다. 이러한 '개념의 추상화'에 의해 수학은 그 세계관을 넓혀가는 것이다(아이디얼에 대한 자세한 설명은 참고문헌 [1]의 부록을 참조하라).

이것은 이후의 장에서 자세하게 설명하기로 하자.

같은 것으로 간주함으로써 수 세계를 확장하다

2

제1장에서는 '소수'에 대한 현대적 관점을 소개했다. 이어서 제2장에서는 '분수'에 대한 현대적 관점을 소개한다.

분수는 초등학생을 힘들게 하는 개념이다. 그도 그럴 것이 분수를 이해하려면 '같은 것으로 간주한다=동일시'라는 수학 고유의 고도의 작업이 필요하기 때문이다. 그러나 이 동일시라는 관점에 익숙해질 수 있다면, 수학을 보는 시야는 크게 넓어지게 된다. 제2장에서는 분수를 소재로 해서 동일시 개념을 파악하고, 나아가 유한체라는 현대적인 수 세계를 소개하기로 한다.

분수는 '동일시'로 만들어진다

제1장에서는 정수가 덧셈·뺄셈·곱셈에 대해 닫혀 있다(즉, 어떤 계산이라도 결과가 정수가 된다)는 것을 주제로 했다. 또 이러한 구조를 일반적으로 가환환이라고 부르는 것도 설명했다. 가환환은 매우 풍부한 성질을 가지고 있으며, 현대 수학의 주역 중 하나이다.

단, 정수에는 '나눗셈에 대해 닫혀 있지 않다'는 불완전함이 있다. $a \div b$란 'b에 곱해서 a가 되는 수', 즉 $a = b \times x$를 만족하는 x인데, a가 b의 배수가 아닌 한, 그러한 x는 정수 세계에 존재하지 않는다.

그래서 이 불완전함을 보완하기 위해서 인류가 고안한 것이 **분수**이다. $a \div b$의 결과가 정수에 존재하지 않는 경우에는 '새로운 수'를 도입하면 된다. 이렇게 해서 도입한 것이 $\frac{a}{b}$로 표기되는 '분수'이다.

분수는 고대 이집트에서도 바빌로니아에서도 이미 사용되고 있었다. 이집트에서는 $\frac{1}{b}$이라는 형식의 '단위분수'만이 기호화되고, 그 외의 분수는 모두 단위분수의 합으로 나타내었다. 예를 들어, $2 \div 13$을 나타내는 분수는

$$\frac{1}{8} + \frac{1}{52} + \frac{1}{104}$$

로 기록되어 있다. 왜 그랬는지 확실한 이유는 지금도 알지 못한다. 바빌로니아에서는 60의 거듭제곱을 기수로 하는 60진법이 사용되었는데, 예를 들어 $\frac{1}{2}$은 $\frac{30}{60}$으로 기록되었다고 한다. 한편, 기원전의 그리스에서는 이집트의 단위분수 표기를 도입해서 사용하였다고 한다.

분수 표기를 도입할 때, 가장 먼저 생각해야 하는 중요한 질문은 '무엇과 무엇을 같은 것으로 간주하는가'이다.

예를 들어 $1 \div 2$와 $2 \div 4$를 같은 것으로 간주하기로 하자. 왜냐하면 전자를 x, 후자를 y라 두면, 각각

$$2 \times x = 1$$
$$4 \times y = 2$$

를 만족해야 한다. 그리고 처음 식의 양변에 2를 곱하면 $4 \times x = 2$가 되어 두 번째와 같은 꼴이 되므로 $x = y$가 되어야 한다. 그렇게 되면 외관상 다른 두 분수에 대해서

$$\frac{1}{2} = \frac{2}{4}$$

라는 등식이 성립해야 한다(그림 2-1).

$\frac{1}{2} \Leftrightarrow 2 \times \triangle = 1$ 을 만족한다

$\frac{2}{4} \Leftrightarrow 4 \times \triangle = 2$ 를 만족한다

양변에 2를 곱하면 일치 $\Leftrightarrow \frac{1}{2} = \frac{2}{4}$ 이어야 한다

그림 2-1

이렇게 외관상 다른 2개의 수학적 표현을 '같다'고 간주하는 것을 수학에서는 **동일시**라 한다. 이러한 동일시는 수학 전반에서 자주 수행되는 중요한 작업으로, 어떤 의미에서는 수학의 본질이라고 말할 수 있다.

분수란 두 정수를 상하로 조합하여 만드는 것인데, 그 표현에 있어서 두 분수가 동일시되는 조건은 다음과 같다.

$$\frac{a}{b} = \frac{c}{d} \Leftrightarrow ad = bc$$

즉, 한쪽의 분자와 다른 쪽의 분모를 곱해서 만들어지는 두 정수가 같을 때, 두 분수는 동일시된다.

또한 두 정수를 상하로 조합해서 만든 분수에 이러한 동일시를 도입하여 가환환으로서의 성질을 보존한 수 세계를 **유리수**라 부른다. 유리수의 집합을 수학 기호로는 $\mathbb{Q}$로 나타낸다. 이것은 '몫'을 의미하는 영어 단어 'Quotient'의 첫 글자에서 따온 것이다.

유리수를 가환환으로 규정하면, 유리수의 사칙연산은 저절로 정해진다. 예를 들어

$$\frac{1}{2} + \frac{1}{3}$$

이 어떻게 되어야 하는지 생각해보자. 합의 전자를 x, 후자를 y라 두면, 정의로부터

$$1 = 2 \times x \qquad ①$$

$$1 = 3 \times y \qquad ②$$

가 성립한다. 식 ①의 양변을 3배, 식 ②의 양변을 2배 하면

$$3 = 6 \times x$$

$$2 = 6 \times y$$

가 된다. 이 조작의 목적은 x와 y에 곱하는 수를 모두 6으로 만드는 것이다. 여기서 제1장에서 설명한 분배법칙을 사용하자. 이 두 식을 좌변끼리, 우변끼리 서로 더하면

$$5 = 6 \times x + 6 \times y \quad \rightarrow \quad 5 = 6 \times (x + y)$$

가 된다. 이 식으로부터

$$x + y = \frac{5}{6}$$

가 됨을 알 수 있다. 즉, 가환환의 성질을 만족하려면,

$$\frac{1}{2} + \frac{1}{3} = \frac{5}{6}$$

가 되어야 한다(이와 관련하여, 이 분수의 덧셈을 일상적인 감각으로 이해하는 방법은 그림 2-2에 그려두었으므로 참고하기 바란다).

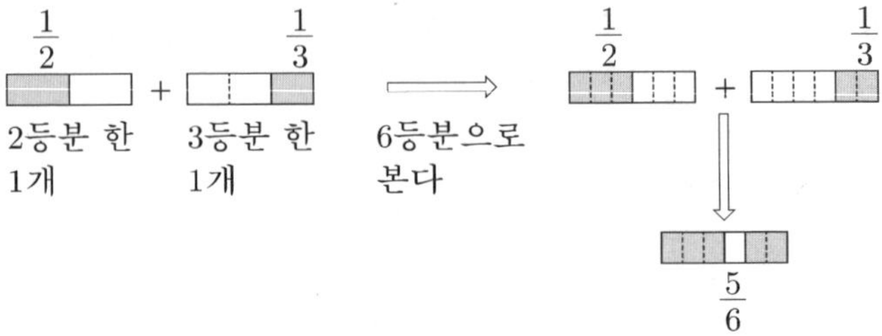

그림 2-2 $\frac{1}{2}+\frac{1}{3}$의 이해

이상과 같은 방법으로 유리수끼리의 합은 완전하게 규정된다. 차, 곱, 몫도 같은 방법으로 결정된다(예를 들어 분수의 곱은 식 ①과 ②를 변끼리 곱해보면 얻을 수 있다).

이상으로부터 유리수가 사칙연산 모두에 대해 닫혀 있는 수 세계임이 판명된다. 바꾸어 말하면, 유리수는 사칙연산으로는 더 이상 세계를 넓힐 수 없다는 것이다. 이렇게 가환환이 나눗셈에 대해서도 닫혀 있는 경우를 **체**(体)라 부른다. 유리수는 체의 대표적인 예이다. 일반적인 가환환으로부터 체를 만들기 위해서는 방금 설명한 동일시를 마찬가지로 행하면 된다.

주기적으로 '동일시'한다

'같은 것으로 간주한다'를 이용해서 수 세계를 넓히는 작업을 다시 한 번 살펴보자. 그것은 **유한인 대수 세계**를 만드는 것이다. 이것은 '요일'과 같은 사고방법으로 만들어낸다.

우리들은 매일매일이 각각 다른 날임에도 불구하고, 그것을 7종류로 분류하고 있다. 일요일, 월요일, … , 토요일이라는 분류이다.

예를 들어 어떤 날을 1일째라 하고 그것을 일요일이라 하면, 8일째, 15일째는 일요일이 된다. 이 3개의 날은 전혀 다름에도 불구하고, 우리들은 이들을 '같은 것으로 간주'하는 것이다.

왜 이러한 작업을 할까? 그것은 아마 인간 생활이라는 것에 어떤 종류의 주기성이 있기 때문일 것이다. 가장 중요한 주기는 '7일마다 휴식한다'는 것이다. 이것은 성서(Bible)를 발상으로 하는 관습 같은 것인데, 생물학적으로 보아도 정기적인 휴식은 중요하므로 의미 있는 것이다. 그러면 정기적인 휴식일인 일요일을 중심으로 해서, 생활의 리듬이 형성되는 것은 당연하다고 말할 수 있다. 예를 들어 월요일은 '공부나 일을 하는 데 시동을 걸기 어렵다'는 특징을 가지기 쉽다. 또 수요일이나 목요일은 '집중력이 떨어지기 쉽다'는 특징이 있다. 이렇게 모든 날이 7주기로 같은 성질을 가지기 쉽다는 점은 충분히 생각할 수 있다. 이것이 요일이라는 개념의 존재 근거일 것이다. 요일과 같은 아이디어로 '정수를 주기적으로 동일시하는' 것에 의해, 새로운 수 세계를 만들 수 있다. 이 사실에 대하여 자세히 알아보자.

대표적인 예가 '짝수', '홀수'이다. 일반적으로 2로 나누어떨어지는 것을 짝수, 나누어떨어지지 않는 것을 홀수라 부르지만, 이것은 0은 짝수, 1은 홀수, 2는 짝수, 3은 홀수, … 라는 방식처럼 2주기로 정수를 분류하고 있는 것과 같다.

일반적인 분류로 만들 수 있는 '종류'를 수학에서는 단순하게 **류**(類; class)라고 부른다. x가 속하는 류를 $[x]$로 나타낸다.

약간 억지스럽지만 일상적인 예를 찾아보자. 동물을 포유류, 파충류, 조류 등으로 분류하는 경우, [원숭이] = [포유류], [악어] = [파충류], [참새] = [조류], … 와 같이 된다. 그래서 동일한 류는 [참새] = [까마귀] = [비둘기]와 같이 등식으로 연결할 수 있다. [참새] = [조류], [까마귀] = [조류], [비둘기] = [조류]이기 때문이다.

앞의 경우의 류는 [짝수]와 [홀수] 두 가지이다. [0] = [짝수], [1] = [홀수], [2] = [짝수], … 라는 방식으로 되어 있다. 따라서 정수에 대해서 다음과 같은 등식이 성립한다.

$$\cdots = [-4] = [-2] = [0] = [2] = [4] = [6] = \cdots$$
$$\cdots = [-3] = [-1] = [1] = [3] = [5] = [7] = \cdots$$

이 등식을 보면, [짝수], [홀수]라는 류를 만드는 것은 0, 2, 4, … 라는 정수들 모두를 동일시하고, 1, 3, 5, … 라는 정수들 모두를 동일시함을 알 수 있다. 즉, [짝수], [홀수]라는 분류는 '정수들을 2주기로 동일시하는' 것과 똑같다.

이하, '짝수'인 류를 $[0]$으로 대표하고, '홀수'인 류를 $[1]$로 대표하여 표현하기로 하자. 수학에서는 일반적으로 동일시를 행할 때는 이렇게 몇 개의 대표를 정해서 류를 기술한다.

유한 대수

'짝수', '홀수'인 류끼리의 덧셈, 뺄셈, 곱셈을 자연스럽게 도입할 수 있다. 덧셈은 예를 들어

$$[1] + [1] = [0]$$

와 같다. 이것은 '홀수와 홀수를 더하면 짝수가 된다'는 것을 류를 사용해서 표현한 것이다. 일반적으로 류 $[x]$와 류 $[y]$의 합은

$x+y$ 의 류 $[x+y]$ 로 정의한다. 위의 예를 다시 들면, 먼저 정의로부터 다음을 알 수 있다.

$$[1]+[1]=[1+1]$$

여기서 물론

$$[1+1]=[2]$$

인데, 류로서 $[2]=[0]$ 의 등식이 성립하므로 대표인 $[0]$ 을 이용하여

$$[1]+[1]=[0]$$

이 된다. 마찬가지로 그 외의 세 덧셈은

$$[0]+[0]=[0]$$
$$[0]+[1]=[1]$$
$$[1]+[0]=[1]$$

이다. 이것으로 [짝수], [홀수] 류의 덧셈이 완전하게 정의되었다. 뺄셈과 곱셈도 마찬가지로 할 수 있다. 곱셈만 제시하자. 곱셈도

$$[x]\times[y]=[x\times y]$$

로 정의하면 된다. 즉, [짝수], [홀수] 류의 곱셈은 그 류에 속하는 임의의 수끼리 곱해서 그 류에 속하면 된다. 결과만 쓰면,

$$[0]\times[0]=[0],\quad [0]\times[1]=[0],$$
$$[1]\times[0]=[0],\quad [1]\times[1]=[1]$$

이다. 이것에 의해 '짝수'와 '홀수' 두 가지 류로 이루어지는 집합 $\{[0],[1]\}$ 이 가환환의 일종임을 알 수 있다. 그것뿐만이 아니다.

이 곱셈의 결과로부터 나눗셈에 대해서도 닫혀 있음을 알 수 있다. 즉, 두 번째, 세 번째 식으로부터

$$[0] \div [1] = [0]$$

임을, 네 번째 식으로부터

$$[1] \div [1] = [1]$$

임을 알 수 있다. 이렇게 해서 '짝수'와 '홀수' 두 가지 류로 이루어지는 집합 $\{[0], [1]\}$이 사칙연산에 대해 닫혀 있는 '체'의 일종이 되어 있음도 판명되었다. 이 체를 '2원체'라 부른다. 일반적으로 유한개의 수로 이루어지는 체를 **유한체**라 한다.

마찬가지로 3주기로 동일시하는 것으로 세 종류의 류를 가지는 '3원체'를 만들 수 있다. 이는 다음과 같은 동일시로부터 만들어진다.

$$\cdots = [-3] = [0] = [3] = [6] = \cdots$$
$$\cdots = [-2] = [1] = [4] = [7] = \cdots$$
$$\cdots = [-1] = [2] = [5] = [8] = \cdots$$

이것은 달리 말하면, '3의 배수'를 모두 동일시하고, '3으로 나누면 1이 남는 수'를 모두 동일시하고, '3으로 나누면 2가 남는 수'를 동일시하는 것이다.

이렇게 해서 만든 세 가지 류로 이루어지는 집합 $\{[0], [1], [2]\}$도 역시 사칙연산에 대해 닫혀 있다. 예를 들어 정의로부터 다음을 알 수 있다.

$$[2] \times [2] = [2 \times 2]$$

한편, $[4] = [1]$이므로 $[2] \times [2] = [1]$임을 알 수 있다. 또한 이것

으로부터

$$[1] \div [2] = [2]$$

임도 알 수 있다. 이 세 종류의 류로 이루어지는 집합 $\{[0], [1], [2]\}$의 덧셈, 뺄셈, 곱셈을 모두 식으로 나타내보면, 나눗셈에 대해서도 닫혀 있음을 알 수 있으며, 이것이 체가 됨을 알 수 있다. 이것을 3원체라 부른다(그림 2-3).

$$\{\cdots, -4, -3, -2, -1, 0, 1, 2, 3, 4, \cdots\}$$

$[a]+[b]$

[a] \ [b]	[0]	[1]	[2]
[0]	[0]	[1]	[2]
[1]	[1]	[2]	[0]
[2]	[2]	[0]	[1]

$[a]\times[b]$

[a] \ [b]	[0]	[1]	[2]
[0]	[0]	[0]	[0]
[1]	[0]	[1]	[2]
[2]	[0]	[2]	[1]

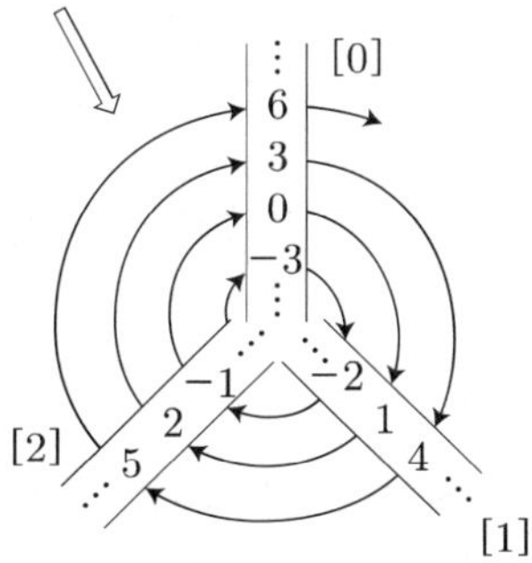

동일시의 구조
(3주기로 같다고 간주한다)

그림 2-3 3원체의 세계

이상을 이해하면, 도입부에서 이야기한 '요일'이라는 동일시는 7원체로 이해할 수 있다는 데 생각이 미친다. 예를 들어 7원체에서는 $[3]\times[5]=[1]$이 되는데, 이것은 [화요일]× [목요일] = [월요일]과 같은 요일산(曜日算)을 의미함을 알 수 있다.

한편, 정수를 n주기로 동일시하는 것으로 만들어지는 류가 반드시 유한체(나눗셈에 대해서 닫혀 있다)가 되는가 하면, 그렇다고 한정할 수는 없다. 4주기에서의 동일시로 만들어지는 4개의 류 $\{[0], [1], [2], [3]\}$은 나눗셈에 대해서 닫혀 있지 않으므로 체가 되지 않는다. 그것을 이해하기 위해서 이 류에서 $[2]$에 관한 곱셈을 살펴보자(이하의 계산은 $[x]\times[y]=[x\times y]$라는 정의를 생각해내면 간단하게 확인할 수 있다).

$$[2]\times[0]=[0]$$
$$[2]\times[1]=[2]$$
$$[2]\times[2]=[0]$$
$$[2]\times[3]=[2]$$

위의 식을 보면 알 수 있듯이, $[2]$에 곱해서 $[1]$이 되는 류는 없다. 즉, 나눗셈 $[1]\div[2]$에는 답이 없게 된다. 따라서 4주기에서 동일시로 만들어지는 4개의 류 $\{[0], [1], [2], [3]\}$은 나눗셈에 대해 닫혀 있지 않으므로 유한체가 되지 않는다(물론 덧셈, 뺄셈, 곱셈은 만들어지므로 가환환이다).

유한체와 소수의 친밀함

2주기의 동일시, 3주기의 동일시로 만들어지는 류는 유한체가 되며, 4주기의 경우에는 유한체가 되지 않는다는 것으로부터 어떤 주기의 동일시에 대해서 체가 되는지를 예상할 수 있을까? 사실 주기가 소수일 때는 유한체가 되고, 소수가 아닐 때는 체가 되지 않는다. 여기서도 소수가 등장한다는 점은 의외일 것이다.

여기서는 소수 7인 경우, 즉 7원체를 예로 사용해서 왜 소수일 때에 유한체가 되는지를 알아보자.

먼저 가장 핵심이 되는 아이디어를 살펴보자. 예를 들어 7원체에서 $\div[3]$의 답이 되는 류가 반드시 존재한다는 것은 다음과 같이 확실하다. 우선, 6개의 곱

$$1\times3,\quad 2\times3,\quad 3\times3,\quad 4\times3,\quad 5\times3,\quad 6\times3$$

에 대해서 각각 7로 나눈 나머지를 적어보면

$$3,\ 6,\ 2,\ 5,\ 1,\ 4$$

가 된다. 이것은 1부터 6까지의 순열이라는 점을 주목하자. 이것으로부터 어떤 x에 대해서도 $[y]\times[3]=[x]$가 되는 류 $[y]$가 존재함을 알 수 있다. 예를 들어 $[5]\div[3]$을 구하고 싶은 경우, $[y]\times[3]=[5]$가 되는 $[y]$를 구하면 된다. 이것은 위의 4번째를 보면

$$[4]\times[3]=[5]$$

로 구해진다. 즉, $[y]=[4]$로 하면 된다. 이것으로부터 $[5]\div[3]=[4]$로 구해진다.

이상의 분석에 의해 7주기의 동일시인 류가 유한체가 됨을 증명하기 위해서는 1에서부터 6까지의 임의의 정수 a에 대해, 곱

$$1\times a,\quad 2\times a,\quad 3\times a,\quad 4\times a,\quad 5\times a,\quad 6\times a$$

각각을 7로 나눈 나머지가 1에서부터 6까지의 순열로 되어 있음

(즉, 1에서부터 6까지의 정수가 모두 한 번씩 나온다)을 증명하면 된다. 이것을 증명하기 위해서는 각각을 7로 나눈 나머지가 어떤 2개에 대해서도 다름을 증명하는 것으로 충분하다.

이제, 이 가운데 $x \times a$와 $y \times a$(단, $x < y$)를 7로 나눈 나머지가 일치한다고 하자. 그러면

$$y \times a - x \times a = (y - x) \times a$$

는 (뺄셈에서 나머지가 없어지므로) 7의 배수가 되어야 한다. 그러면 7은 소수이므로 $(y - x)$와 a 가운데 적어도 한쪽은 7의 배수가 되어야 한다(이것은 19쪽에서와 같은 이유이다). 그러나 $(y - x)$와 a도 1에서부터 6까지의 정수이므로 이것은 불가능하다. 따라서 $x \times a$와 $y \times a$를 7로 나눈 나머지가 일치하는 경우는 없음을 알 수 있다.

이상에 의해, 소수 주기로 동일시해서 만들어지는 류의 집합은 유한체가 됨을 알 수 있다. 이들 유한체는 2원체를 F_2, 3원체를 F_3, 7원체를 F_7 등과 같이 나타낸다. 반대로, 주기가 소수가 아닌 경우는 체가 되지 않으므로 F_n이라 적지 않는다.

덧붙여서, 유한체를 발견한 사람은 19세기 초 프랑스의 수학자 갈루아였다. 갈루아는 300년 동안 누구도 풀지 못했던 문제를 해결했으나, 20세에 결투에서 총상을 입고 요절한, 수학사에서 가장 유명한 수학자이다. 갈루아의 업적에 대해서는 제4장과 제5장에서 다시 소개하기로 한다.

또한 유한체는 아이디얼과도 깊게 관련되어 있다. 이것에 대해서는 제6장에서 상세하게 알아보기로 하자.

이러한 유한체의 발견은 수학의 세계에서 매우 중대한 것이었다.

왜냐하면 유한체의 원소로 이루어지는 사칙연산에 대해 닫혀 있는 대수라는 것은 다양한 분야에서 활용할 수 있기 때문이다.

예를 들면 디자인의 세계도 그 중 하나이다.

모두가 참여하는 제비뽑기에서 꽝이 없는 조합표를 만들 때, 중복이나 빠짐이 없이 배치하는 것은 힘든 작업이다. 이 작업은 유한체를 사용하면 효율적으로 행할 수 있다. 또 도형을 반복적으로 사용하여 평면도형을 만드는 경우에도 유한체의 구조가 나타난다. 우리들의 일상생활은 (요일의 예에서도 말한 것처럼) 유한의 구조를 사용하는 것이 기본이다. 그러므로 거기에는 유한체의 대수구조를 살릴 수 있는 경우가 많다.

도형의 형태를 푸는 계산

3

'도형'이라고 하면 삼각형이나 원을 떠올릴 것이다. '입체'라고 해도 직육면체, 원기둥, 원뿔, 구 정도를 떠올릴 것이다. 그러나 일상을 벗어나면 매우 복잡하고 형상을 파악하기 어려운 도형도 많이 있다. 예를 들어, 인간의 장기는 꽤 복잡한 형상을 하고 있다. 바이러스 등의 아주 미세한 존재도 형상은 눈에 보이지 않는다. 소립자의 세계가 되면 현미경으로조차 형태를 볼 수 없다.

이렇게 눈으로 보기 어려운 도형의 형상을 분석할 때에 수학은 큰 힘을 발휘한다. 수학자들은 계산에 의해 도형의 형상을 분류하는 방법을 생각해내었다. 이 장에서는 그 기술 가운데 하나를 소개한다. '호몰로지(homology)군(群)'이라는 매우 현대적인 기술이다. 물론 최첨단 방법론이므로 있는 그대로를 설명하면 수학을 전문적으로 공부하고 있는 사람밖에 이해할 수 없을 것이다. 그러나 기본적인 개념만 이해하는 것이라면 중학생 정도의 지식으로도 충분하다. 사실 중학교 1학년 교육과정에서 배우는 '문자식'의 지식을 이용하는 것만으로도 '호몰로지군'이라는 개념의 본질적인 내용은 이해할 수 있다.

문자식의 계산

중학교 1학년 교육과정에서 '정수' 다음으로 배우는 것이 **문자식**이다. 이 문자식이라는 것이 의외로 추상적이어서 어려워하는 중학생이 많다. 그러나 문자식은 추상적이기 때문에 오히려 도움이 된다고도 말할 수 있으므로 추상적이라는 것은 문자식을 배우는 데 숙명이라고 해도 과언이 아니다.

예를 들어, $2x+3x$ 라는 문자식을 생각해 보자(덧붙여서 $2x$ 는 $2\times x$ 의 $\times$ 를 생략한 표기법임을 상기하자). 이 식은 x 를 '무엇인가'라고 하면, 그 '무엇인가'에 2를 곱하고, 같은 '무엇인가'에 3을 곱하여 그 둘을 더하는 것을 의미한다. 예를 들어, '무엇인가'를 '여행을 가는 사람의 수'라 하고, 교통비가 2만원, 숙박비가 3만원이라 하면, 문자식 $2x+3x$ 는 '여행에 드는 전체 비용'을 의미한다. 또 '무엇인가'를 '시속'이라 하면, '무엇인가'의 속도로 2시간 달리고, 그 후에 같은 '무엇인가'의 속도로 3시간 달린 경우의 전체 주행거리는 $2x+3x$ 가 된다(그림 3-1).

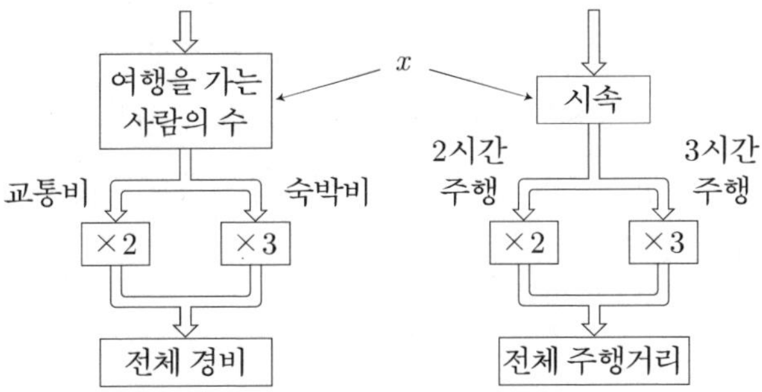

그림 3-1 $2x+3x$ 의 의미

어느 경우라도 $2x+3x=(2+3)x=5x$ 가 되는 것은 분명하다. 전자에서 말하면, 결국 여행에 1인당 $2+3=5$ 만원이 필요하므로 여행의 전체 비용이 $5x$ 만원이 되는 것은 당연하다. 즉, $2x+3x$ 라는 것은 '무엇인가'에 2를 곱하고, 같은 '무엇인가'에 3을 곱하고 덧셈을 한다는, 그 모든 과정을 추상적으로 나타내고 있는 것이다. 그래서 결과는 당연히 $5x$ 가 되는 것이다.

이렇게 이해를 하면, $2x+3x$ 의 후자의 x 를 y 로 바꾼 $2x+3y$

라는 문자식은 그렇게 간단히 해결되지 않음도 이해할 수 있다. x와 y는 '이것'과 '저것'을 나타내므로 같지 않을 가능성이 있어서 직접 더할 수 없다.

한편, $2x+3y+5x+(-8)y$라는 문자식에서 x항끼리 혹은 y항끼리는 더할 수 있다. 즉,

$$2x+3y+5x+(-8)y=(2+5)x+(3-8)y=7x-5y$$

가 된다. $2x$와 $5x$는 같은 '이것'끼리에 대한 곱셈을 나타낸다. $3y$와 $(-8)y$는 '이것'과는 다르지만, 마찬가지로 '저것'끼리에 대한 곱셈을 나타낸다. 그러므로 전자끼리는 하나로 정리해서 간단히 할 수 있으며, 후자도 그렇게 할 수 있다. 문자식이란 '무엇인가'로 부르고 있는 모든 것에 대한 추상적인 계산을 나타내고 있다. 말하자면, 일상회화에서 '이것'이나 '저것' 등의 대명사를 사용하는 것을 수학에서 행하는 것이 문자식이다.

덧셈만의 세계

수나 식 등의 수학적인 대상을 모은 집합에 다음 세 가지 법칙을 만족하는 '덧셈'이 도입되어 있을 때, 그 집합을 **가환군** 또는 **아벨군**이라 부른다. 여기서 아벨은 수학자의 이름이다.

가환군 또는 아벨군

(1) 더하는 순서를 바꾸더라도, 또 어떤 부분에서 덧셈을 하더라도 결과는 같다.

(2) 무엇에 더하더라도 상대를 변화시키지 않는 0이라는 존재가 있다. 즉, $0+x=x$이다.

(3) 임의의 수 x에 그 '반대의 수' $(-x)$가 존재하여, $x+(-x)=0$이 된다.

덧붙여서, 가환군에 곱셈 구조를 더한 것이 제1장에서 소개한 가환환이다. 즉, 가환군은 가환환보다도 원시적인 구조라고 말할 수 있다.

정수의 집합 $\mathbb{Z}$는 말할 것도 없이 가환군이다. 오히려 정수의 덧셈만의 구조를 일반화한 개념이 가환군이라고 파악하는 것이 올바르다.

또 $2x$라든지 $(-5)x$ 등 (정수)x라는 형태의 문자식을 모두 모은 집합도 가환군이다. 나아가 $2x+3y$라든지 $5x+(-8)y$ 등의 (정수)x+(정수)y인 꼴을 한 문자식 모두를 모은 집합도 가환군이다.

또 하나, 앞 장에서 설명한 유한체도 덧셈의 구조만 가져오면 가환군의 일종이다. 예를 들어, 이원체 F_2는 $[0]$과 $[1]$만으로 이루어지는 집합으로, 덧셈은 다음과 같이 되어 있다.

$$[0]+[0]=[0], \quad [0]+[1]=[1]$$
$$[1]+[0]=[1], \quad [1]+[1]=[0]$$

이것은 확실히 위의 세 조건을 만족하고 있다. 사실 0에 해당하는 것은 [0]이며, 마지막 계산에서 알 수 있듯이 [1]의 '반대의 수'는 [1] 자신이다. 마찬가지로, 그 외의 유한체도 덧셈만을 가져오면 모두 가환군이다.

좀 더 불가사의한 가환군으로서, 이원체를 계수로 한 문자식, 즉 (2원체의 수)x의 집합을 들 수 있다. 이것은 $\{[0]x, [1]x\}$라는 집합이 된다. $[0]x$를 단순히 0, $[1]x$를 단순히 x라 쓰면, 이 가환군 $\{0, x\}$에서의 덧셈은 다음과 같다.

$$0+0=0,\quad 0+x=x,\quad x+0=x,\quad x+x=0$$

정사각형을 붙여서 입체를 만든다

이제, 이상의 문자식 대수를 이용하여 이후 도형의 형상을 분석하기 위한 도구인 **호몰로지군**을 설명해 보기로 하자.

이 장의 처음에서 말한 것처럼, 일상적이지 않은 도형은 눈으로 볼 수 없는 것도 많고, 그 형상을 간단하게 파악할 수도 없다. 예를 들어, 그림 3-2와 같이 정사각형의 두 변을 붙여서 입체도형을 만드는 것을 생각해보자.

그림 3-2(1)과 같이 AD와 BC를 이 방향으로 붙이면 원통이 만들어진다. 이것은 누구라도 알 수 있을 것이다. 다음으로 그림 3-2(2)와 같이, BC를 비틀어서 AD와 CB를 이 방향에서 붙여보자. 이렇게 해서 만들어지는 도형은 **뫼비우스의 띠**라 불린다. 실제로 본 적이 없는 사람은 한 번에 형태를 상상할 수 없을지도 모른다.

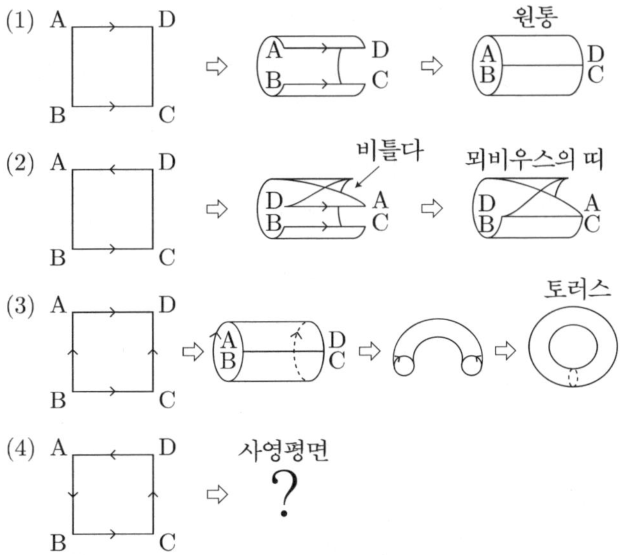

그림 3-2 정사각형을 서로 붙여서 도형을 만든다

또한 그림 3-2(1)에서 만든 원통의 왼쪽 원과 오른쪽 원을 그림 3-2(3)과 같이 AB가 DC에 합쳐지도록 붙여보자. 이렇게 하면, 그림 3-2(3)의 도넛형이 만들어진다. 수학에서는 이 형태를 **토러스**라 부른다. 이는 충분히 상상할 수 있는 도형이다.

문제는 그림 3-2(2)의 뫼비우스의 띠를 다시 AB가 CD에서 BC의 화살표 방향으로 합쳐지도록 붙인 것(그림 3-2(4))이다. 이렇게 만들어진 도형은 수학에서 **사영평면**이라 불리는 것인데, 전혀 상상이 되지 않을 것이다. 그것은 다음 물음에 대한 답을 생각해보면 알 수 있다. '그림 3-2(3)의 토러스를 꾸불꾸불 늘리거나 줄여서, 그림 3-2(4)의 사영평면으로 변형할 수 있을까?'라는 물음이다. 이 물음을 머릿속으로 상상해서 결론을 내는 것은 결코 가능하지 않을 것이다. 수학자라도 그것은 마찬가지이다.

이처럼 상상이 되지 않는 도형에 대해서, 그 형상을 어느 정도 분류할 수 있는 수단을 부여하는 것이 호몰로지군이다. 호몰로지군이란 문자식이 만드는 보통의 가환군을 특수가공 해서 새로운 가환군으로 만든 것이다. 도형이 1개 주어지면, 그것에 호몰로지군을 하나 대응시킬 수 있다. 그래서 그 호몰로지군에는 도형의 형상이 내포되어 있다.

점의 동일시

이제부터 단계적으로 호몰로지군의 개념에 접근해보자.

먼저 제1단계로서 그림 3-3과 같은 도형을 예로 든다.

그림 3-3의 ABCDEFGH는 8개의 점으로 이루어진 도형이다. 이 도형을 Γ라는 기호로 나타내기로 하자. 그리스 문자 Γ는 '감마'라고 읽는다. 점과 도형 전체를 구별하기 위해 여기서는 그리스 문자를 사용하기로 한다.

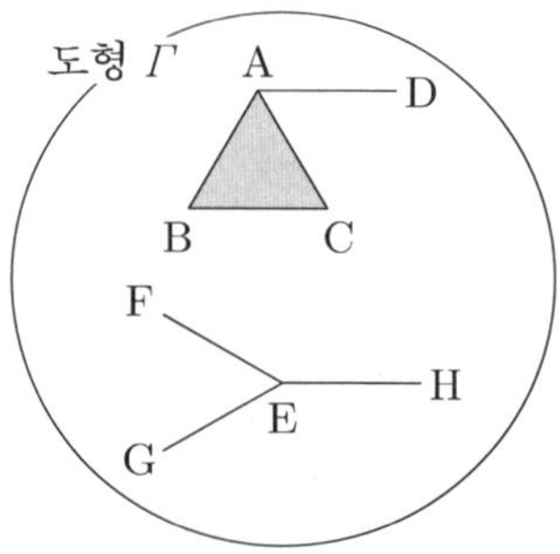

그림 3-3

그림 3-3을 보면 알 수 있듯이, 도형 Γ는 삼각형 판 1개와 7개의 선분 AB, BC, CA, AD, EF, EG, EH로 되어 있다.

이제, 이 도형에 관해서 다음과 같은 문자식을 만든다.

$$z = (\text{정수})A + (\text{정수})B + (\text{정수})C + (\text{정수})D + (\text{정수})E + (\text{정수})F + (\text{정수})G + (\text{정수})H$$

요컨대, 점을 나타내는 8개의 문자 A, B, C, D, E, F, G, H에 각각 정수 계수를 붙여서 서로 더한 문자식인 것이다. 예를 들면,

$$z = 2A + 3B + (-1)C + 2D + 5E + 1F + (-4)G + 7H$$

인 문자식 z가 그런 것이다. 이와 같은 문자식을 만들어 도대체 무엇을 하려고 하는 것인지는 이 책을 계속 읽지 않으면 알 수 없다. 당분간은 준비 과정이라 생각하기 바란다.

이 형태의 문자식(8변수 문자식) 각각을 도형 Γ의 0-**사이클**이라 부른다. 여기서 쓰인 **사이클**의 의미를 독자들이 알고 있을지 모르겠지만, 지금은 단순한 명칭으로 받아들이기 바란다(뒤에서 좀 더 의미가 명료해진다). 이 0-사이클의 집합은 단순히 정수가 계수인 문자식의 집합에 지나지 않으므로 41쪽에서 설명한 가환군의 한 종류이다.

다음으로 이 0-사이클의 집합에 '같은 것으로 간주하는 것', 즉 동일시를 도입하자. 다음과 같은 '동일시*'이다.

동일시*

도형 Γ의 8개의 점들에 대해서 2개의 다른 점이 선(변)으로 연결되어 있는 경우, 이 2개의 점을 '같은 것으로 간주한다'.

예를 들어, 점 A와 점 B는 선으로 연결되어 있다. 따라서 이 두 점은 '같은 점으로 간주한다'가 된다. 즉, 부여되어 있는 알파벳도 놓여 있는 장소도 다르지만, 같은 점이라 간주하여 동일시하는 것이다.

이처럼 동일시에 의해 하나로 묶이는 집합을 제2장에서는 '류'라고 불렀다(27쪽 참조). 그리고 류는 [ ]로 표현했다. 이번에도 마찬가지로 동일시되는 점의 집합을 류라 부르고, [ ]로 표현하기로 한다. 예를 들어, 점 A가 속하는 류를 [A]로 나타내고, 점 B가 속하는 류를 [B]로 나타내면, A와 B는 선으로 연결되어 있어 같은 류에 속하기 때문에

$$[A]=[B] \quad ①$$

로 등호가 된다. 이 등식은 점 A와 점 B가 '동일시*'에서 도입된 관점으로 동일시된다는 것을 나타내고 있다. '외관은 다르지만 동일하다'는 것이다.

마찬가지로 점 B가 속하는 류와 점 C가 속하는 류도, B와 C가 선 BC로 연결되어 있으므로

$$[B]=[C] \quad ②$$

가 성립하고, 식 ①과 ②로부터

$$[A]=[B]=[C]$$

가 성립한다. 또한 $[A]=[D]$이므로

$$[A]=[B]=[C]=[D] \quad ③$$

가 성립한다. 이것은 점 D와 점 C가 직접 선으로 연결되어 있지 않더라도 동일시됨을 의미하고 있다. 즉, 네 점 A, B, C, D가 모두 '같은 것으로 간주된다'는 것이다.

마찬가지로 [E] = [F], [E] = [G], [E] = [H] 가 성립하고, 따라서

$$[E] = [F] = [G] = [H] \qquad ④$$

도 성립한다.

지금까지 나온 것 외에 등호로 연결되는 류는 없다. 따라서 동일시는 식 ③과 ④의 두 종류임을 알았다.

호몰로지군을 정의하자

이상으로 '점의 동일시'가 완료되었다. 다음으로 이 동일시를 점뿐만 아니라, 0 - 사이클(점들로 만들어진 문자식)에도 도입하기로 하자. 예를 들어, 앞에서의 0 - 사이클

$$z = 2A + 3B + (-1)C + 2D + 5E + 1F + (-4)G + 7H$$

에 대해서, z가 속하는 류 $[z]$를 다음과 같이 정의한다.

$$[z] = 2[A] + 3[B] + (-1)[C] + 2[D] + 5[E] + 1[F] + (-4)[G] + 7[H] \qquad ⑤$$

이것은 단순히 0 - 사이클로 나타나는 각 점에 [ ]을 붙여서, 모든 점을 그것이 속하는 류로 바꾸어 쓴 것뿐이다.

그렇게 되면, 각 점의 류는 동일시에 의해 대표 기호로 정리되고, 문자식 계산을 할 수 있게 된다. 예를 들어, 등식 ③에서 [A], [B],

[C], [D]를 모두 [A]로 통일해서 대표로 삼고, 등식 ④에서 [E], [F], [G], [H]를 모두 [E]로 통일하여 대표로 삼자. 그러면 식 ⑤는

$$
\begin{aligned}
[z] = 2[\mathrm{A}] + 3[\mathrm{A}] + (-1)[\mathrm{A}] + 2[\mathrm{A}] + 5[\mathrm{E}] \\
+ 1[\mathrm{E}] + (-4)[\mathrm{E}] + 7[\mathrm{E}]
\end{aligned}
$$

로 바꾸어 쓸 수 있는데, 4개의 문자 [A]와 4개의 문자 [E]가 있으므로 이들은 문자식 계산이 가능하게 된다. 즉

$$
\begin{aligned}
[z] &= 2[\mathrm{A}] + 3[\mathrm{A}] + (-1)[\mathrm{A}] + 2[\mathrm{A}] + 5[\mathrm{E}] \\
&\quad + 1[\mathrm{E}] + (-4)[\mathrm{E}] + 7[\mathrm{E}] \\
&= (2 + 3 + (-1) + 2)[\mathrm{A}] + (5 + 1 + (-4) + 7)[\mathrm{E}] \\
&= 6[\mathrm{A}] + 9[\mathrm{E}]
\end{aligned}
$$

로 계산된다. 이 예를 관찰하면 알 수 있듯이, 도형 Γ의 모든 0-사이클 z의 류 $[z]$는 결국

$$[z] = (\text{정수})[\mathrm{A}] + (\text{정수})[\mathrm{E}]$$

라는 꼴로 나타낼 수 있다. 이것은 [A]와 [E]라는 류를 나타내는 문자에 정수를 계수로 해서 묶은 문자식이므로, 이것도 가환군의 하나가 된다. 익숙하지 않는 기호이지만 이 가환군은

$$\mathbb{Z} \oplus \mathbb{Z}$$

로 나타낸다. 정수의 집합을 $\mathbb{Z}$라 쓰는 것은 제1장에서 설명했다. 이것을 생각하면, 위의 기호는 다음과 같이 '불필요한 기호를 지운 생략형'이라 생각하면 된다.

$$
\begin{aligned}
(\text{정수})[A] + (\text{정수})[E] &\rightarrow (\text{정수}) + (\text{정수}) \\
&\rightarrow \mathbb{Z} + \mathbb{Z} \\
&\rightarrow \mathbb{Z} \oplus \mathbb{Z}
\end{aligned}
$$

여기서 '+' 대신에 '⊕'라는 기호를 사용하는 것은 가환군을 나타낼 때에 일반적인 '덧셈'과 구별하고 싶기 때문이다.

이 기호를 이용하면, '도형 Γ의 0차원 호몰로지군은 $\mathbb{Z} \oplus \mathbb{Z}$'라고 나타낼 수 있다. 이것은 점에 정수 계수를 붙여서 만든 문자식에 '동일시*'를 도입하면, 결국은 정수를 계수로 하는 2개의 문자식의 합으로 쓸 수 있다는 것을 의미하는 표현이다. 호몰로지란 익숙하지 않은 단어이지만, '수학'이라는 지방에서 사용하는 방언으로 받아들였으면 한다.

0차원 호몰로지군이 의미하는 것

여기서 '도형 Γ의 0차원 호몰로지군은 $\mathbb{Z} \oplus \mathbb{Z}$'가 의미하는 것을 좀 더 구체적으로 생각해보자. 지금까지의 동일시의 구조를 잘 이해하고 있는 사람이라면 직관적으로 알고 있을지도 모르겠지만, 그것은 '도형 Γ가 하나로 연결된 두 가지 도형으로 구성된다'는 점이다.

사실 도형 ABCD 위에서는 선(변)을 따라 가는 것으로 어떤 점에서 어떤 점으로도 이동할 수 있다. 이 '하나로 연결'된다는 성질을 가진 도형을 전문적으로 **연결**이라 부른다. 즉, '도형 ABCD는 연결'이라는 것이다. 마찬가지로, '도형 EFGH도 연결'이다. 그러나 도형 Γ 전체는 연결이 아니다. 점 A에서 점 E로 선을 따라서 이동할 수 없기 때문이다.

이 연결이라는 단어를 이용하여 도형 Γ를 평가하면, '도형 Γ는 2개의 연결부분으로 구성된다'고 할 수 있다. 이것은 다시 말해 '도형 Γ의 0차원 호몰로지군은 $\mathbb{Z} \oplus \mathbb{Z}$이다'와 같은 의미이다(그림 3-4).

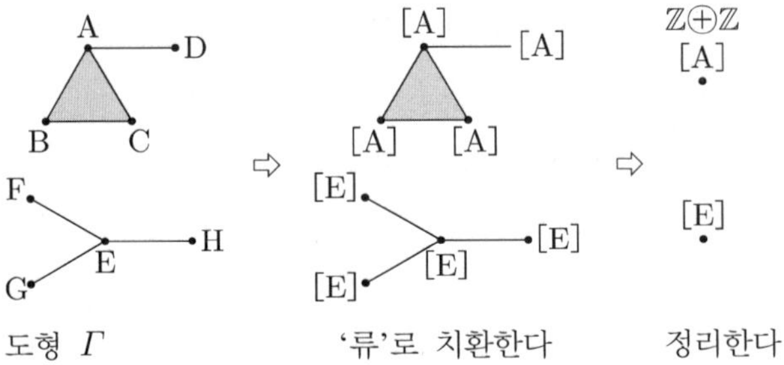

그림 3-4

이해를 돕기 위해 또 하나의 예를 들어보자. 그림 3-5와 같이 3개의 선분으로 이루어진 도형의 0차원 호몰로지군은

$$\mathbb{Z} \oplus \mathbb{Z} \oplus \mathbb{Z}$$

가 된다. 실제, 이 도형은 3개의 연결부분 AB와 CD와 EF로 구성되어 있다. 그러므로 3개의 $\mathbb{Z}$의 덧셈이 된다.

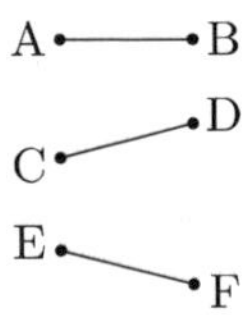

그림 3-5

한편, 이것은 '동일시*'를 도입한 류에 대한 등식

$$[A]=[B],\quad [C]=[D],\quad [E]=[F]$$

에 의해 이 도형의 임의의 0 - 사이클 z의 류는

$$[z] = (\text{정수})[A] + (\text{정수})[C] + (\text{정수})[E]$$

로 나타냄으로써 유도된다는 것은 앞 절의 논의로부터 분명하다(그림 3-6).

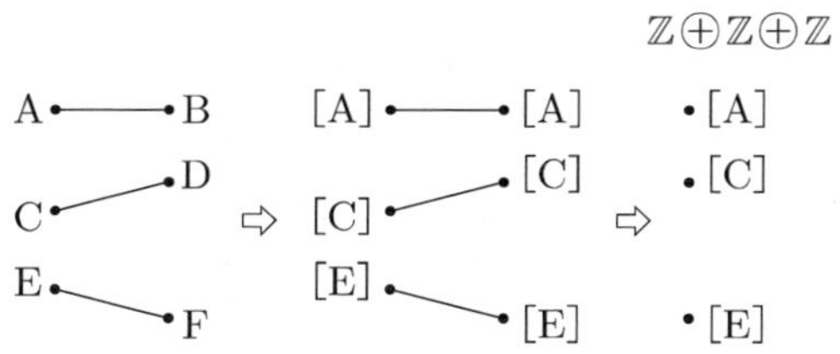

그림 3-6

0차원 호몰로지군이 연결부분의 개수를 나타낸다는 것을 중요하지 않은 사실이라고 생각하는 독자가 있을지도 모르겠다. 그러나 연결부분이 몇 개라는 것을 '눈으로 본 인식'이 아니라 계산으로 유도할 수 있음은 중요한 것이다. 왜냐하면 시각으로 파악할 수 없는 도형에도 적용할 수 있으며, 또 컴퓨터에 프로그래밍해서 실행할 수 있기 때문이다. 덧붙여서, 이 '연결'에 대해서는 제8장에서 다시 다루기로 한다.

도형 속의 '고리'를 식으로 나타내자

다음으로 한 차원 더 높은 1차원 호몰로지군을 생각해보자.

이번에는 그림 3-7의 도형 Ω를 예로 하자(그리스 문자 Ω는 '오메가'라고 읽는다). 이것은 안이 가득 찬 삼각형 ABC와 선분 BD와 선분 CD로 만들어져 있다. 핸드백과 같은 모양이라고 생각하면 된다.

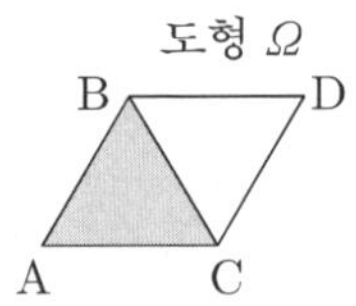

그림 3-7

1차원 호몰로지군의 의미를 먼저 설명하자면, 도형 Ω 속에 '본질적으로 다른 고리가 몇 개 있는가?'를 나타내는 지표이다.

이것을 설명하기 위해서 이 도형 Ω 속의 **고리**(輪)를 식으로 정의해보자. 예를 들어, 도형 Ω에서 $A \to B \to C \to A$로 도는 고리가 있다(그림 3-8).

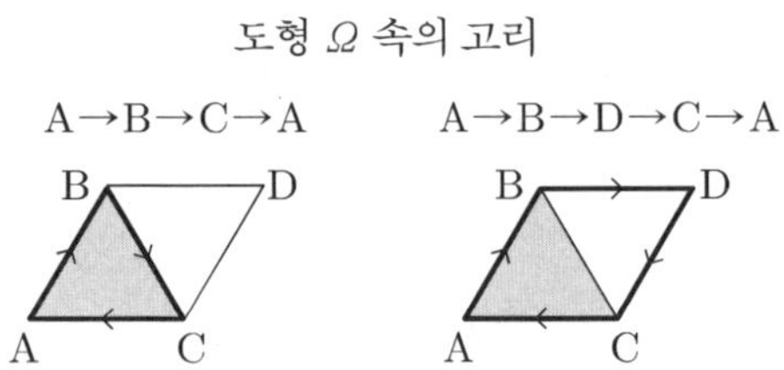

그림 3-8

이것을 다음과 같이 **유향선분**의 덧셈으로 표현하자.

$$z_1 = \mathrm{AB} + \mathrm{BC} + \mathrm{CA}$$

유향선분은 '방향을 가진 선분'을 뜻한다. 예를 들어, AB는 A에서 B로 향하는 방향을 가진 선분이다. 그리고 유향선분 AB와 유향선분 BA는 '방향이 반대'인 것으로 다른 유향선분으로 본다. 즉, $\mathrm{AB} \neq \mathrm{BA}$ 이다. 그리고

$$\mathrm{AB} = (-1)\mathrm{BA}$$

와 같이 -1 배 하면 같다고 정의된다. 혹은

$$\mathrm{AB} + \mathrm{BA} = 0$$

이라 생각해도 된다(그림 3-9). 이것으로부터 위의 고리 z_1은

$$z_1 = -\mathrm{BA} + \mathrm{BC} + \mathrm{CA}$$

로 나타낼 수도 있다.

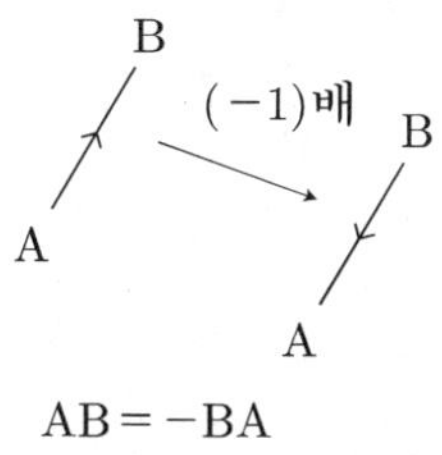

그림 3-9 유향선분

고리는 그 외에도 있다. 예를 들어, $\mathrm{A} \to \mathrm{B} \to \mathrm{D} \to \mathrm{C} \to \mathrm{A}$ 인 고리는

$$z_2 = AB + BD + DC + CA$$

로 나타낼 수 있다(그림 3-8). 또 B → D → C → B 인 고리는

$$z_3 = BD + DC + CB$$

로 나타낼 수 있다. 또한 A → B → C → A → B → C → A 와 같이 2번 도는 고리는 다음과 같이 표현한다.

$$2z_1 = 2AB + 2BC + 2CA$$

즉, 고리 z_1을 2배 한 것으로 '2번 도는 것'을 나타낸다. 이렇게 멋지게 표현할 수 있다는 것이 문자식의 장점이다.

이제 이들과 같이 '몇 번 도는 고리'를 유향선분의 문자식으로 나타낸 것을 **1 - 사이클**이라 부른다. 여기서 '1 -'은 1차원을 의미한다. 그리고 사이클은 문자 그대로 '고리'이다. 따라서 1 - 사이클이라는 단어는 자연스럽게 받아들일 수 있을 것이다(덧붙여서 앞에서 0 - 사이클이라고 하며 고리가 없음에도 '사이클'이라는 단어를 사용한 것은 용어의 통일성을 위한 것이다). 1 - 사이클에 정수를 곱해서 서로 더한 것도 다시 1 - 사이클에 속한다. 예를 들어,

$$\begin{aligned} z_4 &= 2z_1 + 3z_3 \\ &= 2(AB + BC + CA) + 3(BD + DC + CB) \end{aligned}$$

등이 그러하다. 이러한 계산도 문자식으로 생각할 수 있기 때문이다. 이것은

$$3CB = -3BC$$

에 유의하면,

$$
\begin{aligned}
z_4 &= 2z_1 + 3z_3 \\
&= 2\mathrm{AB} + 2\mathrm{BC} + 2\mathrm{CA} + 3\mathrm{BD} + 3\mathrm{DC} + 3\mathrm{CB} \\
&= 2\mathrm{AB} + 2\mathrm{BC} + 2\mathrm{CA} + 3\mathrm{BD} + 3\mathrm{DC} - 3\mathrm{BC} \\
&= 2\mathrm{AB} - \mathrm{BC} + 2\mathrm{CA} + 3\mathrm{BD} + 3\mathrm{DC}
\end{aligned}
$$

로 계산할 수 있다(BC 항을 계산).

z_1과 z_3는 닿아 있는 고리이므로, 이 1-사이클은 'z_1을 두 번 돈 뒤에 z_3을 3번 도는' 것으로 해석할 수 있지만, 특별히 닿는 고리가 아니더라도 이러한 '정수를 곱해서 덧셈한 식'은 언제나 1-사이클이다.

'가장자리'를 0으로 간주한다

이제 앞의 0-사이클일 때와 마찬가지로 동일시를 도입한다. 그것은 다음과 같은 '동일시**'이다.

> **동일시****
>
> 1-사이클 가운데, 안이 채워진 2차원 도형의 '가장자리'인 것은 0으로 간주한다.

예를 들어, 앞의 예에서 말하면, A → B → C → A 를 나타내는 1-사이클 z_1은 안이 채워진 삼각형 ABC의 둘레, 즉 '가장자리'이므로 0과 동일시된다.

1-사이클에 이 동일시를 도입해서 류라고 한 것을 [ ]를 붙여서 나타내면,

$$[z_1] = [AB] + [BC] + [CA] = 0 \quad ①$$

이 된다. 이것은 z_1과 0을 같은 류로 볼 수 있음을 의미한다(간단히 하기 위해 0인 류는 [0]이라 하지 않고 0 그대로 사용한다).

이처럼 안이 채워진 도형의 가장자리가 되므로 0과 동일시되는 1-사이클을 **1-경계 사이클**이라 부른다(그림 3-10).

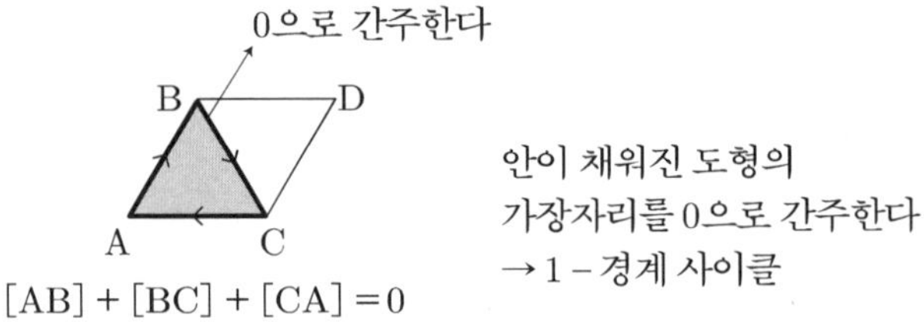

그림 3-10

안이 채워진 삼각형의 가장자리인 1-사이클 $[z_1] = [AB] + [BC] + [CA]$가 0과 같고, 안이 채워지지 않은 삼각형의 1-사이클 류 $[z_3] = [BD] + [DC] + [CB]$가 0이 되지 않는 것은 다음과 같이 이해할 수 있다. 즉, 1-사이클 $[z_1]$인 삼각형은 도형 Ω 위에서 연속적으로 줄이면 결국 한 점이 된다. 한편, 1-사이클인 류 $[z_3]$ 쪽은 그렇게 되지 않는다(그림 3-11).

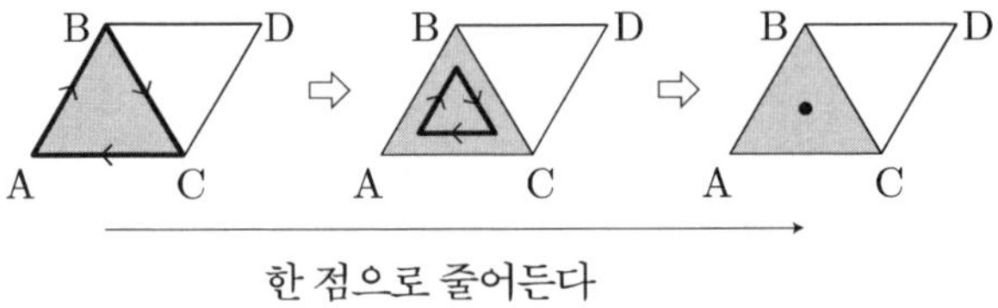

그림 3-11

이러한 1 - 경계 사이클과 0 의 '동일시**'가 도입된 류의 세계에서는, 보기에는 다른 1 - 사이클이 같은 류에 속하는, 즉 같은 고리로 볼 수 있는 것이 생긴다. 예를 들어, A → B → D → C → A 인 1 - 사이클의 류 $[z_2]$와 B → D → C → B 인 1 - 사이클의 류 $[z_3]$은 동일시되어 같은 고리로 간주된다. 즉,

$$[z_2]=[z_3]$$

라는 것이다. 왜 그렇게 될까? 먼저 앞의 식 ①에서 이항에 의해,

$$[CA]=-[AB]-[BC] \qquad ②$$

라는 식이 얻어진다. 이것을 $[z_2]$의 식에 대입하면

$$\begin{aligned}[z_2]&=[AB]+[BD]+[DC]+[CA]\\&=[AB]+[BD]+[DC]+(-[AB]-[BC])\\&=[BD]+[DC]-[BC]\\&=[BD]+[DC]+[CB]=[z_3]\end{aligned}$$

가 된다($-[BC]=[CB]$를 상기하자). 이것으로 $[z_2]=[z_3]$임이 계산에 의해 확인되었다.

이 일치는 무엇을 의미할까? 그것은 '도형 Ω에서 고리 z_2와 고리 z_3는 어떤 의미에서 같다'는 점이다. 그림 3-12를 보기 바란다. 고리 z_2는 삼각형 ABC의 내부를 지나서 서서히 이동함으로써 고리 z_3의 위치에 도달할 수 있다.

이러한 의미에서 고리 z_2와 고리 z_3는 본질적으로 같은 고리로 간주할 수 있다.

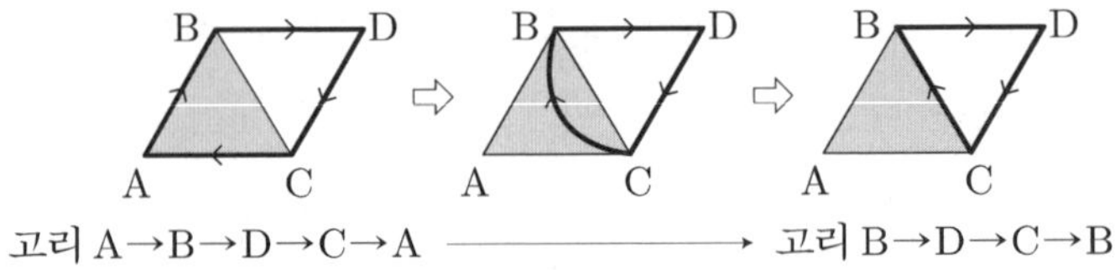

그림 3-12

1차원 호몰로지군을 계산해보자

도형 Ω에서 다양한 1-사이클(고리)에 대해 류의 계산을 해보면 알 수 있겠지만, 어떤 1-사이클도 결국은 (정수)$\times[z_3]$라는 식으로 변형할 수 있다. 시험 삼아 한 가지만 예로 해보자.

$$z = \mathrm{AB} + \mathrm{BC} + \mathrm{CD} + \mathrm{DB} + \mathrm{BC} + \mathrm{CA}$$

를 생각하자. 이것은 A → B → C → D → B → C → A로 도형 위를 돌아오는 것이므로 1-사이클 가운데 하나이다. 이 z가 속하는 류 $[z]$를 계산해보자. 도중에 식 ②를 다시 사용한다.

$$\begin{aligned}[z] &= [\mathrm{AB}] + [\mathrm{BC}] + [\mathrm{CD}] + [\mathrm{DB}] + [\mathrm{BC}] + [\mathrm{CA}] \\ &= [\mathrm{AB}] + [\mathrm{BC}] + [\mathrm{CD}] + [\mathrm{DB}] + [\mathrm{BC}] - [\mathrm{AB}] - [\mathrm{BC}] \\ &= [\mathrm{CD}] + [\mathrm{DB}] + [\mathrm{BC}] \\ &= -[\mathrm{DC}] - [\mathrm{BD}] - [\mathrm{CB}] \\ &= -([\mathrm{DC}] + [\mathrm{BD}] + [\mathrm{CB}]) \\ &= (-1) \times [z_3]\end{aligned}$$

분명히 (정수)$\times[z_3]$인 꼴로 정리되었다. 계수가 (정수) 한 가지뿐이므로, 이 도형 Ω의 1차원 호몰로지군은 $\mathbb{Z}$로 정의된다. 이것은 도형 Ω 위에서 본질적으로 다른 고리가 1개뿐임을 의미하고 있다. 즉, 1차원 호몰로지군이 '(정수) × (문자)'라는 꼴이면 본질적으로 다른 고리가 1개, '(정수) × (문자) + (정수) × (문자)'가 되면 본질적으로 다른 고리가 2개라는 의미이다. 이들을 1개일 때는 $\mathbb{Z}$, 2개일 때는 $\mathbb{Z} \oplus \mathbb{Z}$ 라 쓰는 것은 앞에서 설명했다. 따라서

$$(\Omega \text{ 의 1차원 호몰로지군}) = \mathbb{Z}$$

라 결론짓는다.

이상과 같은 간단한 문자식 계산이 1차원 호몰로지군이라는 식으로, '도형 위에 고리가 몇 가지 있을까?'라는 '형태'에 대한 정보를 준다.

여기까지 읽은 독자 중에 '문자 부분만이 본질이므로 정수 계수를 굳이 도입하지 않더라도 더 간명하게 정의할 수 있는 것은 아닐까?'라는 의문을 가지는 사람도 있을 것이다. 사실, 지금까지 다룬 것처럼 간단한 예라면 그렇다. 그러나 더 복잡한 도형에 대해서나 더 고차원의 '형태'를 정하기 위해서는 정수 계수가 만드는 가환군을 사용하는 것이 가장 깔끔한 표현이 된다.

도넛 위에는 몇 가지 고리가 있을까?

1차원 호몰로지군의 정의가 끝났으므로 다음 단계로 다양한 도형의 1차원 호몰로지군을 계산해보기로 하자.

토러스(도넛형)부터 시작하자. 이후로는 익숙한 표현인 '도넛형'이라 부르기로 하자.

정사각형에서 도넛형을 만드는 방법에 대해서는 42~43쪽에서 설

명했지만, 다시 한 번 반복하겠다.

그림 3-2를 다시 보기 바란다. 정사각형을 둥글게 하여, 윗변과 아랫변을 붙인다. 이것으로 (안이 비어 있는) 원기둥이 생긴다. 다음으로, 이 원기둥을 잡아 늘이고 구부려서 왼쪽 원과 오른쪽 원을 붙인다. 이것으로 도넛형이 만들어진다.

그럼, 이 도넛형에는 본질적으로 다른 고리가 몇 가지 있을까?

이것을 알아보기 위해서 그림 3-13을 보자.

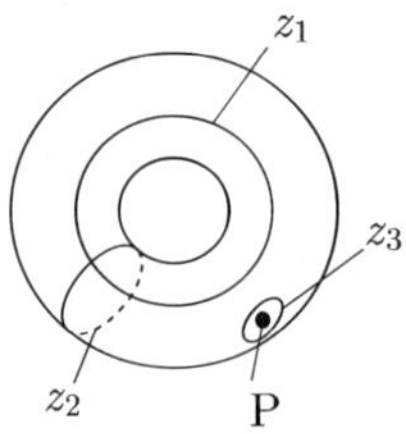

그림 3-13

조금만 생각해도 고리 z_1, 고리 z_2, 고리 z_3의 세 가지가 떠오를 것이다. 그러나 고리 z_3은 도넛형의 표면에서 조금씩 이동하면 한 점 P로 줄일 수 있으므로, 이것은 본질적으로 고리가 될 수 없다. 한편, 고리 z_1을 조금씩 이동하더라도 고리 z_2의 위치로 갈 수 없음은 쉽게 상상할 수 있다. 따라서 z_1과 z_2는 본질적으로 다른 고리라 생각할 수 있다. 지금부터 이 추측은 옳으며, 실제

$$(\text{도넛형의 1차원 호몰로지군}) = \mathbb{Z} \oplus \mathbb{Z}$$

가 되어, $[z_1]$과 $[z_2]$가 본질적으로 다른 고리라는 사실을 설명하겠다.

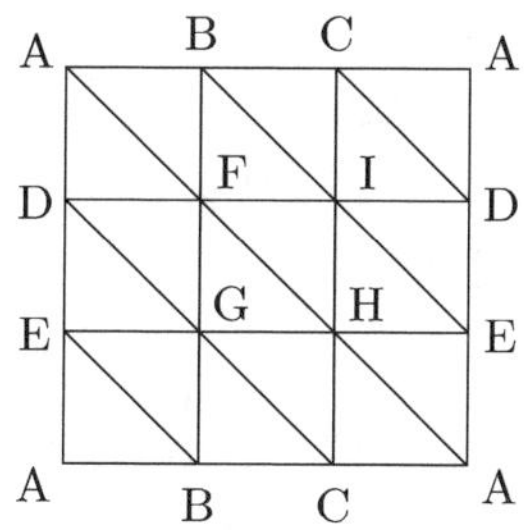

그림 3-14

먼저, 그림 3-14의 정사각형을 생각하자. 이 정사각형은 안이 삼각형으로 분할되어 있다. 삼각형으로 분할하는 것은 이후 고리를 표현하기 쉽게 하기 위해서이다.

삼각형 18개는 모두 안이 채워진 삼각형이다. 이 정사각형을 앞에서와 같이 서로 붙여서 도넛형으로 만들었다고 하자. 구체적으로 상변과 하변을 A끼리, B끼리, C끼리 일치하도록 붙여서 원기둥을 만든다. 그러면 좌우에 원이 만들어지는데, 이 원을 A끼리, D끼리, E끼리 일치하도록 서로 붙인다. 이것으로 도넛형이 만들어진다.

이때 그림 3-13의 도넛형 위의 원 z_1은 ABCA인 변에 의해 만들어지고, 원 z_2는 ADEA인 변에 의해 만들어지며, 원 z_3는 삼각형 FGH의 둘레에 의해 만들어짐을 알 수 있을 것이다.

만들어진 도넛형의 표면 위에서 1-사이클이나 1-경계 사이클을 생각해보고 싶은데, 그것은 그림 3-14의 정사각형 위에서 생각하더라도 같다.

각 삼각형 둘레를 나타내는 1-사이클은 (가장자리이므로) 1-경계 사이클이다. 따라서 '동일시**'의 정의로부터 0과 동일시되지 않으면 안 된다. 예를 들어,

$$[FG]+[GH]+[HF]=0$$

이 된다. 그런데 이것은 그림 3-13의 고리 z_3의 류 $[z_3]$이므로 $[z_3]=0$ 이 된다. 이것이 도넛형 위의 고리 z_3을 본질적으로 고리로 간주하지 않는 이유이다.

다음으로, 고리 z_1에 대해서 그 류는

$$[z_1]=[AB]+[BC]+[CA]$$

가 된다. 마찬가지로 고리 z_2에 대해서 그 류는

$$[z_2]=[AD]+[DE]+[EA]$$

가 된다. 이것들은 어떤 계산을 하더라도 같지 않으므로 도넛형의 본질적으로 다른 고리를 주게 된다.

이외에 다른 고리는 없을까? 예를 들어, 정사각형 위의 A → F → H → A 라는 대각선은 고리가 된다. 이것은 도넛형의 표면 위를, 구멍의 안쪽에서 바깥쪽을 향해서 빙빙 도는 고리이다. 이것은 어떤 고리와 동일시할 수 있을까? 이 1-사이클을 z_4라 하면,

$$[z_4]=[AF]+[FH]+[HA]$$

이다. 한편, 삼각형 ABF는 안이 채워진 삼각형이므로 1-경계 사이클로서

$$[AB]+[BF]+[FA]=0$$

이 성립한다. 이 식을 $[AB]+[BF]=[AF]$라 변형해서 $[z_4]$에 대입하면

$$[z_4]=[AB]+[BF]+[FH]+[HA]$$

가 얻어진다(그림 3-15). 즉, 고리 A → F → H → A 는 고리 A → B → F → H → A 와 동일시할 수 있다. 이렇게 고리가 그림과 같이

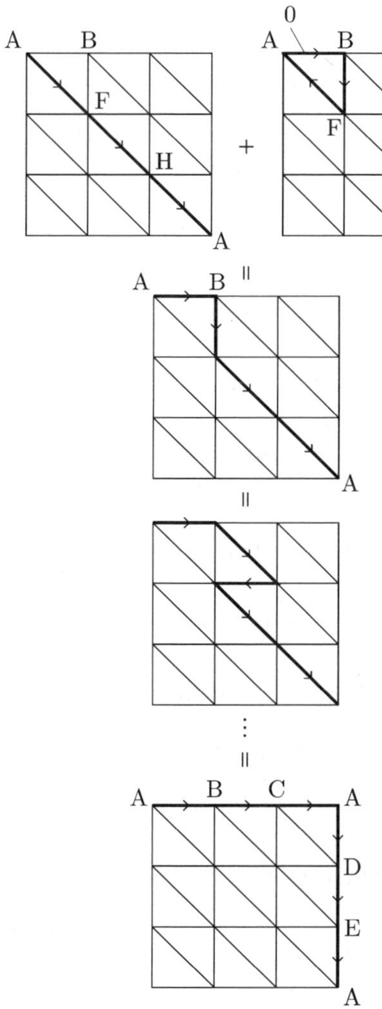

그림 3-15

조금씩 이동하면, 최종적으로는

$$[z_4] = [\mathrm{AB}] + [\mathrm{BC}] + [\mathrm{CA}] + [\mathrm{AD}] + [\mathrm{DE}] + [\mathrm{EA}]$$
$$= [z_1] + [z_2]$$

라는 식이 얻어진다. 즉, 고리 $\mathrm{A} \to \mathrm{F} \to \mathrm{H} \to \mathrm{A}$ 는 고리 z_1을 돈 다음 고리 z_2를 돈 것과 같게 된다는 의미이다(그림 3-16).

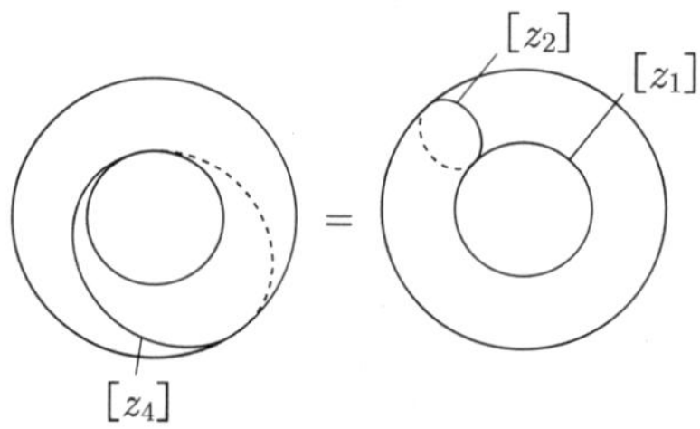

그림 3-16

이로써 도넛형 위의 모든 1 - 사이클의 류는 결국

$$(\text{정수})[z_1] + (\text{정수})[z_2] \quad ③$$

라는 식과 같게 됨을 알 수 있다. 이것에 의해 도넛형에는 본질적으로 다른 고리가 두 종류밖에 없으며,

$$(\text{도넛형의 1차원 호몰로지군}) = \mathbb{Z} \oplus \mathbb{Z}$$

가 됨을 알았다. 이 식은 도넛형의 형태에 대한 일면을 하나의 수식으로 나타낸 것이다.

사영평면의 고리는 어떤 고리인가?

마지막으로 앞에서 예로 든 사영평면에 대해서 1차원 호몰로지 군을 구해보기로 하자. 의외의 결과가 나올 것이라고 미리 말해두겠다.

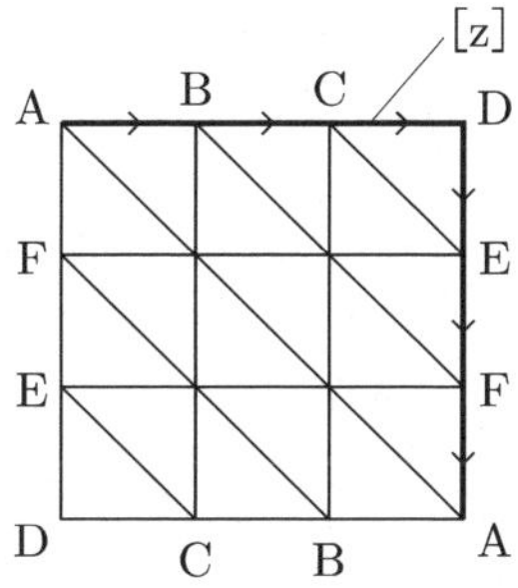

그림 3-17

사영평면도 정사각형을 붙여서 만들 수 있는데, 여기서 다시 한 번 재현해보자. 그림 3-17의 상변과 하변에서 A끼리, B끼리, C끼리, D끼리 붙여서 뫼비우스의 띠를 만든다. 다음으로 뫼비우스의 띠의 가장자리를 E끼리, F끼리 붙인다(이것은 우리들이 사는 3차원 공간에서 불가능하므로 시도할 필요가 없다).

이제, 이렇게 만들어진 사영공간에서는 매우 재미있는 일이 일어난다. 상변과 하변을 연결하는 A → B → C → D → E → F → A는 사영공간의 고리이며 1 - 사이클이다. 이 고리 z를 2배 한 1 - 사이클 $2z$는 어떻게 될까? 이 류는

$$2[z] = ([AB]+[BC]+[CD]+[DE]+[EF]+[FA]) \\ +([AB]+[BC]+[CD]+[DE]+[EF]+[FA])$$

인데, 두 번째의 괄호 안을 하변 → 좌변이라는 고리로 간주하면, $2[z]$는 상변 → 우변 → 하변 → 좌변과 정사각형의 가장자리를 일주하는 고리로 볼 수 있다. 이것은 18개 삼각형의 가장자리로 되어 있는 1 - 경계 사이클을 전부 더한 것이므로, 18개의 0을 더한 값인 0이 된다. 즉 $2[z]=0$이 되는 것이다(그림 3-18).

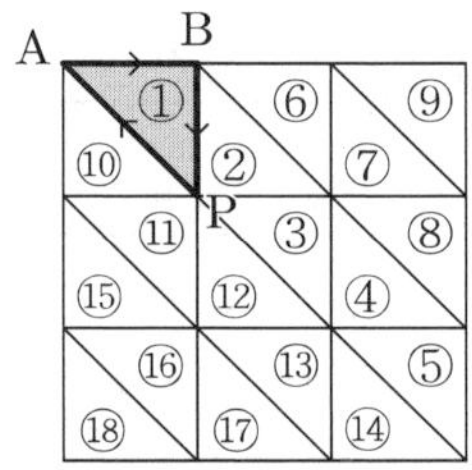

$\rightarrow [AB]+[BP]+[PA]=0$

①~⑱에 대해서 전부 더하면

$[z]+[z]=0$

↙ ↘

상변 → 우변　　하변 → 좌변

그림 3-18

이것은 고리 $A \rightarrow B \rightarrow C \rightarrow D \rightarrow E \rightarrow F \rightarrow A$를 두 번 돌면 0이 됨을 의미한다. 즉, 이 사영공간의 1 - 사이클의 류는 모두 $[z]+[z]=0$이 된다. 이 문자식 계산은 41쪽에서 등장한 (2 원체의 수) x와 같은 것이다. 그래서 계수만 쓰면, $[1]+[1]=0$이라는 대수가 성립한다. 또한 이 대수는 30쪽과 34쪽에서 설명한 2 원체 F_2이다. 즉

$$(\text{사영평면의 1차원 호몰로지군}) = 2\text{ 원체 } F_2$$

이다. 결국 사영평면 위에는 풀리지 않는 고리가 하나 있는데, 그것을 두 번 감으면 풀린다는, 우리들의 상식으로는 상상할 수 없는 고리임을 알 수 있다(자세한 것은 참고문헌 [2]와 [3]을 참조하라).

제2장에서 설명한 것처럼, 유한체라는 것은 '같은 것으로 간주하는' 방법론을 사용하여 인공적으로 만들어낸 수학 개념이다. 2원체는 2개의 수만으로 이루어진 닫힌 덧셈의 세계였다. 그 인공적이고 추상적인 대수 세계가, 정사각형을 붙여서 만들어지는 복잡한 사영평면이라는 도형의 형태를 표현할 때에 출현한다는 것은 아무리 생각해도 이상하다.

도형의 변형에서 보존되는 양

이상의 설명에서, 0차원 호몰로지군이 '도형이 몇 개의 부분으로 구성되어 있는가?'라는 것을 나타내고, 1차원 호몰로지군이 '도형 위에서 본질적으로 다른 고리가 몇 개 있는가?'를 나타내는 양임을 알았다. 똑같은 방법으로, 문자식의 동일시를 사용하여 보다 고차원의 호몰로지군을 정의할 수 있다. 단, 더 고차원의 호몰로지군의 일상적인 의미를 찾아내는 것은 쉽지 않다.

호몰로지군은 도형의 형상의 일면을 나타내고 있으므로, 도형의 분류에 도움이 될 수 있다. 실제로, 도형 Ω_1을 가위로 잘라서 안에 넣지 않고, 그저 늘이고 줄이는 것만으로 변형하여 도형 Ω_2로 만들 수 있는 경우, Ω_2의 호몰로지군은 Ω_1의 호몰로지군과 똑같음이 증명되어 있다. 즉, 연속적인 변형(이 의미는 이후의 장에서 더 명확해진다)으로는 호몰로지군은 변화하지 않는다. 0차원과 1차원 호몰로지군의 경우, '도형이 몇 개의 부분으로 구성되어 있는가?'나 '도형 위에 본질적으로 다른 고리가 몇 개 있는가?' 하는 것이 연속적인 변형에서 보존됨을 직관적으로 납득할 수 있을 것이다.

따라서 두 도형에서 호몰로지군이 다르면, 그들 도형은 연속적인 변형으로 한쪽을 다른 쪽으로 변형하는 것이 불가능함을 알 수 있다. 이것은 범인이 매부리코이고 용의자가 둥근 코라는 것을 알고 있으면, 용의자가 범인이 아님을 아는 것과 같은 이치다. 두 사람의 얼굴 사진이 없더라도 코의 차이만으로 특정할 수 있다. 호몰로지군은 두 도형이 연속적인 변형으로 일치될 수 있을지의 여부까지는 알 수 없지만, 일치될 수 없음을 특정하는 데 사용할 수 있다.

이것을 이용하면, 토러스(도넛형)를 연속적으로 변형해서 사영평면과 일치시키는 것은 불가능함을 알 수 있다. 모두 0차원 호몰로지군은 $\mathbb{Z}$이며, 그 점은 일치하고 있다(모두 연계 도형이므로). 그러나 1차원 호몰로지군에 대해서 도넛형은 $\mathbb{Z} \oplus \mathbb{Z}$이고, 사영평면에 대해서는 F_2여서 이들은 다르다. 따라서 도넛형을 연속적으로 늘이고 줄여서 변형하더라도 결코 사영평면을 만들 수 없다.

수학은 이렇게 해서 두 도형을 분류하기 위한 양(量)을 여러 가지 발견해오고 있다. 눈에 보이지 않는 도형, 마이크로 세계의 도형, 고차원의 도형 등을 가시화하기 위한 계산법을 밝혀내는 것이 수학자들에게 주어진 과제 가운데 하나이다.

관계성을 대수로 파악하다

4

세상에는 '관계'라고 부르는 것이 많다. 친척관계, 연인관계, 상사·부하관계, 동업자관계, 동맹관계 등. 관계는 세계를 분류하고 분석하는 중요한 방법이다. 수학은 그러한 관계를 정의하고, 그 위에서 대수에 의해 조작을 하는 방법론을 발견했다. 그것은 '사상'과 '군'이다. 이 도구에 의해 수학자들은 추상적인 수학적 소재에 갖추어진 고유의 성질을 밝혀내는 기술을 현격하게 향상시킬 수 있었다. 이 장에서는 사상을 정의하는 것에서 시작하여, 군의 이해까지 다루어 보겠다.

함수에서 사상으로

현대 수학에서 아주 중요한 도구 가운데 하나로 **사상**(寫像, mapping)이 있다. '사상'이란 중학생이 배우는 **함수**를 발전시킨 것이라고 생각해도 된다.

함수(function)라는 것은 '수를 인풋(input) 하면, 뭔가 정해진 방법의 계산으로 다른 수로 바꾸어서 아웃풋(output) 하는' 작용을 총칭한 것이다. 예를 들어, 함수 $f(x)=2x$는 '인풋 된 x를 2배 해서 아웃풋 하는 작용'을 의미한다. $f(x)$의 f는 그것이 나타내고 있는 '작용'을 각각 구별하기 위해서 붙여진 라벨이다. $f(x)=2x$에서 $f(x)$는 x에 작용 f를 시행해서 아웃풋 한 값을 의미하는 기호로, 식 $f(x)=2x$에서 $f(x)$는 'x에 작용 f를 시행해서 아웃풋 해 나오는 값이 $2x$이다.' 즉, '작용 f는 인풋된 수를 2배 해서 아웃풋 하는 작용'이라는 의미가 된다.

함수는 '기능'을 의미하는 영어 'function'의 f로 나타내는 경우가 많지만, 그 외에 $a(x)$를 사용하는 경우도 있고, $p(x)$를 사용하는 경우도 있다. 어떤 알파벳을 사용하더라도 혹은 복수 개의 알파벳을 사용해도 상관없다.

더불어 이렇게 함수가 문자식으로 표현할 수 있는 것에서도 문자식의 유효성(39~40쪽)을 볼 수 있을 것이다.

함수 $f(x)=2x$를 '인풋', '아웃풋'이라는 단어를 사용하지 않고 표현하면, 'f는 수 x를 수 $2x$에 대응시키는 작용'이라는 것과 같이 '대응'이라는 표현을 사용하면 된다. 수학을 전개하기 위해서는 이 '대응시키는 작용'을 수뿐만 아니라 아주 많은 대상으로 확장하는 것이 편리하다. 그래서 생각해낸 것이 사상이라는 개념이다.

사상은 연결 짓는 것!

사상을 하나 주기 위해서는 먼저 2개의 집합 X와 Y를 정할 필요가 있다. 집합 X와 집합 Y가 주어졌을 때, 'X의 한 원소에 Y의 원소 하나를 어떤 규칙으로 연결시키는' 것이 사상 φ이다. 여기서 그리스 문자 φ는 '파이'라고 읽는다. 여기서는 함수와 사상을 구별하기 위해서 그리스 문자를 사용하기로 한다.

사상의 예로서 X를 남자의 집합, Y를 여자의 집합이라 하고, 다음과 같이 대응을 설정한다.

$$X=\{\text{철수, 종기, 상규}\}$$
$$Y=\{\text{영희, 종숙, 윤경}\}$$

그리고 X에서 Y로의 사상 φ를 '좋아함'이라는 관계로 대응시키는 것이라 하자.

예를 들어, 철수가 영희를 좋아하고, 종기가 종숙을 좋아하고, 상규가 윤경을 좋아한다고 하자. 이것을 화살표(→)를 사용하여 다음과 같이 표현한다(그림 4-1).

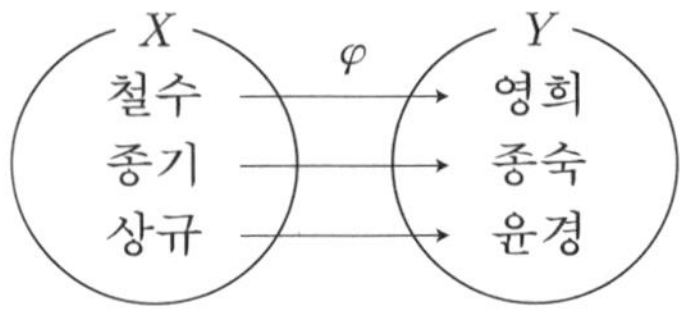

그림 4-1

이 대응관계를 φ 라는 기호로 나타내기로 한다.

먼저 φ 가 집합 X 의 원소를 집합 Y 의 원소로 연결시킨다는 것을 표현하기 위해서는

$$\varphi : X \to Y$$

로 나타낸다. 그리고 각 원소의 대응을

$$\varphi(\text{철수}) = \text{영희}$$
$$\varphi(\text{종기}) = \text{종숙}$$
$$\varphi(\text{상규}) = \text{윤경}$$

이라 적는다. 여기서 $\varphi(a) = b$ 는 'a 가 사상 φ 로 나타나는 대응규칙에 따라, b 로 연결되는 것'을 나타내는 기호이다. 이 경우는 'a 는 b 를 좋아함'을 의미한다.

다음 그림 4-2와 같은 경우도 φ 는 사상이 된다.

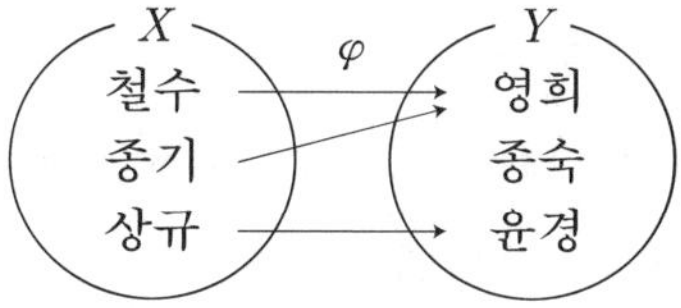

그림 4-2

이것은 철수와 종기가 영희라는 같은 사람에 대응하고 있는 경우를 나타낸다. 이렇게 '집합 Y의 누군가에 인기가 집중하는' 경우도 사상으로 인정된다. 한편, 다음 그림 4-3과 같은 경우는 사상이라고 하지 않는다. 이것은 '철수가 두 사람을 동시에 좋아한다'는 점과 '종기는 좋아하는 사람이 없다'는 점에서 사상이 되지 않는다. X의 어떤 원소가 Y의 원소에 대응되지 않거나, 2개 이상의 원소에 대응되는 경우, 사상은 정의되지 않는다.

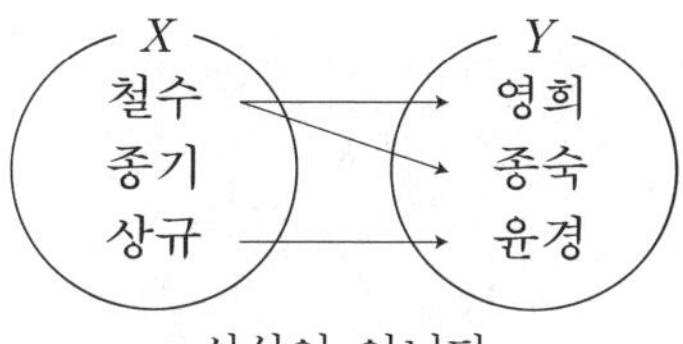

사상이 아니다

그림 4-3

사상을 정식으로 정의하면 다음과 같다.

사상의 정의

집합 X와 집합 Y가 주어졌을 때,

$$\varphi : X \to Y$$

가 사상이라는 것은

> X의 어떤 원소도 Y의 단 하나의 원소와
> 대응되고 있는 경우

를 말한다.

여담이지만, 필자는 사상을 생각하면 언제나 어린시절 축제에서 선물 뽑기를 하던 기억이 떠오른다. 그 뽑기는 굵은 끈 여러 개를 묶은 다발로, 끈의 한쪽 끝에는 경품이 하나씩 달려 있었다(그림 4-4).

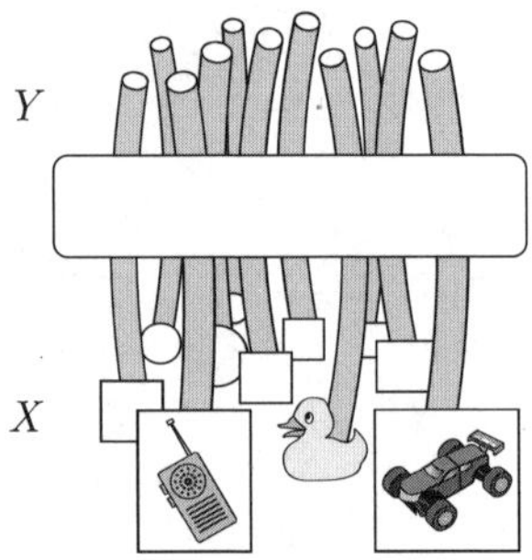

그림 4-4

경품 속에는 장난감 레일, 무전기, 무선 자동차 등 (당시로서는) 고가인 것도 있었다. 아이들은 돈을 내면, 끈을 하나 고를 수 있었다. 다발로 된 끈에서 1개를 골라 잡아당기면 경품 쪽의 하나가 움직이고, 그것을 경품으로 받는 것이었다.

이 선물 뽑기는 앞에서 설명한 사상의 일종이다. X가 '경품의 집합', Y가 '끈의 끝부분의 집합'이다. 그래서 경품 각각에 끈의 끝부분 하나가 대응하고 있다.

그런데 필자는 이 뽑기에서 고가의 경품이 당첨되는 모습을 한 번도 본 적이 없다. 언제나 껌이나 초콜릿, 비스킷 등 값싼 경품이 당첨되었으며, 결코 장난감 레일이나 무선 자동차는 당첨되지 않았다. 필자는 아이임에도 '뭔가 속임수가 있다'고 느꼈다. 예를 들어, 그림 4-5처럼 경품이 대응되고 있는 경우이다.

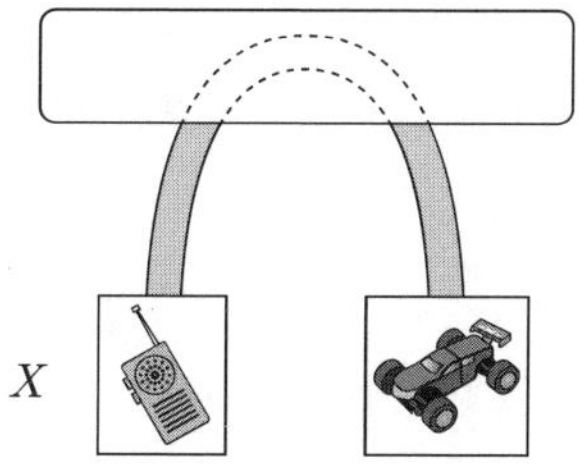

그림 4-5

물론 증거가 없으므로 필자의 지레짐작일지도 모르겠다. 하지만 필자의 추측이 맞다면, 이것은 사상이 되지 않는다. 무전기나 무선 자동차에 대응하는 Y의 원소가 없기 때문이다.

사상은 연결할 수 있다

함수는 사상에 속한다. 함수라는 것은 사상에서 집합 X와 집합 Y를 수로 제한한 것이라고 생각해도 무방하다. 따라서 사상은 함수를 보다 넓은 대상으로 확장한 것이라고 볼 수 있다. 사상은 수적인 변화의 법칙을 기술한 것뿐만 아니라, 다종다양한 것의 관계성을 표현할 수 있는 매우 유용한 도구이다.

사상의 중요한 특성은 '사상과 사상을 연결할 수 있다'는 것이다. 이것에 의해 '관계성'에 관한 대수적 구조를 도입할 수 있게 된다. 좀 더 정확하게 말하면, '사상 $\varphi : X \to Y$ 와 사상 $\tau : Y \to Z$ 은 연결할 수 있다'는 것이다. 여기서 Y 가 공통인 것이 중요하다(덧붙여 말하면 그리스 문자 τ 는 '타우'라고 읽는다).

예를 들어, 집합 X 와 집합 Y 는 앞에서와 마찬가지로

$X = \{$ 철수, 종기, 상규 $\}$
$Y = \{$ 영희, 종숙, 윤경 $\}$

이라 하고, 집합 Z 를

$Z = \{$ 춘식, 기홍 $\}$

이라 하자. 그리고 사상 $\varphi : X \to Y$ 와 사상 $\tau : Y \to Z$ 를 다음과 같이 설정한다(덧붙여 말하면, 사상 τ 도 '좋아함'을 나타내는 대응이라 가정한다).

이때, 가운데 있는 집합 Y 를 단순한 '중계점'으로 간주하여 제거하고 바로 연결되는 대응을 만들면, 집합 X 에서 집합 Z 로의 사상이 얻어진다(그림 4-6).

구체적으로는 이 대응관계가 의미하는 것은 'a 가 좋아하는 여자가 좋아하는 남자 b'라는 것이 된다. 좀 더 정확히 말하면, 'b 는 a 의 라이벌'이라는 관계이다.

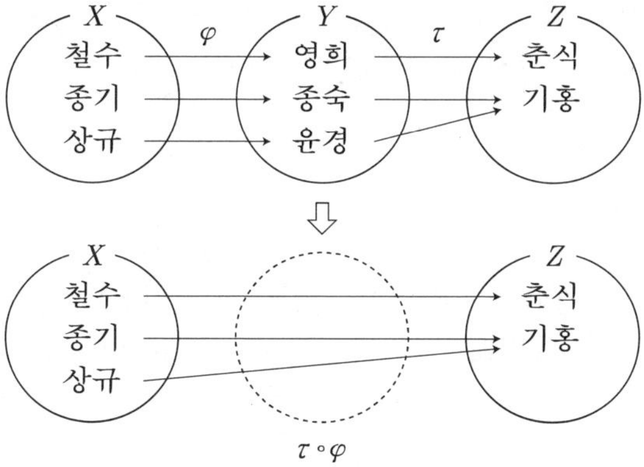

그림 4-6

이러한 '$\varphi: X \to Y$와 사상 $\tau: Y \to Z$를 연결하여 중계점 Y를 없애서 만들어지는 X에서 Z로의 사상'을 사상 φ와 사상 τ의 **합성사상**이라 부른다. 기호로는 $\tau \circ \varphi$로 쓴다. '$\circ$'은 합성을 나타내는 연산 기호이다. 여기서 사상 τ를 앞에 쓰는 이유를 알아보기 위해 $\varphi(x) = y$라는 표현방법을 사용하여 합성을 표현해 보자.

사상 φ에서 철수는 영희에 대응하고, 사상 τ에서 영희는 춘식에 대응하고 있다. 이것을 식으로 나타내면,

$$\varphi(\text{철수}) = \text{영희},\ \tau(\text{영희}) = \text{춘식}$$

이 된다. 후자의 영희를 전자의 좌변에 치환(대입)할 수 있으므로

$$\tau(\varphi(\text{철수})) = \text{춘식}$$

이라는 식이 얻어진다. 이것은 '철수가 좋아하는 영희는 춘식을 좋아함', 즉 '철수의 라이벌은 춘식'을 나타내고 있으므로, 확실히 '사상 φ와 사상 τ의 합성사상'에서 대응된다. 따라서 $\tau(\varphi(\text{철수}))$라

는 형식 속의 순서를 보면 알 수 있듯이, 이 합성사상은 $\tau \circ \varphi$라는 순서로 표기하는 것이 자연스럽다.

본래로 되돌리는 사상

사상 중에서 특히 중요한 것이 '일대일 사상'이라 부르는 것이다. 이것은 사상 $\varphi : X \rightarrow Y$에서 Y의 어떤 원소에도 X의 유일한 원소가 대응하는 경우를 말한다.

앞에서의 '좋아함'을 나타내는 사상에서 말하자면, '어떤 여자에게도 그녀를 좋아하는 남자가 있고, 또 두 명 이상에게 좋아함을 받고 있는 여자는 없고, 완벽하게 전원이 연인이 되어 있는 상태'를 말한다. 예를 들어, 그림 4-7과 같은 대응이다.

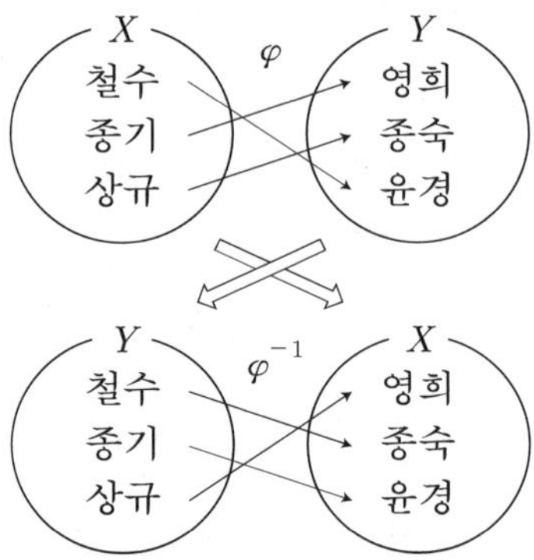

그림 4-7 φ^{-1}은 φ의 역사상

이 경우는 화살표(→) 방향을 역으로 해서 '본래로 되돌리는 사상'을 만들 수 있다. 이것은 '좋아함을 받고 있다'고 하는 대응을 나

타내는 사상이며, φ의 **역사상**이라 부르고, φ^{-1}라는 기호로 나타낸다. 역사상에 대해서는 반드시 다음 등식이 성립한다.

$$\varphi^{-1}(\varphi(a)) = a$$

이 식은 'a에 대응하는 것을 역으로 되돌리면 a로 돌아온다'는 데 불과하다.

위의 예에서 말하면, '철수가 좋아하는 여자 영희를 좋아하는 남자는 철수'라는 것이다. 따라서 합성사상 $\varphi^{-1} \circ \varphi$는 그림 4-8과 같은 사상이 된다. 이렇게 '자신에게 자신을 대응시키는 사상'을 **항등사상**이라 부른다. '사상과 역사상의 합성은 항등사상이 된다'는 것이다.

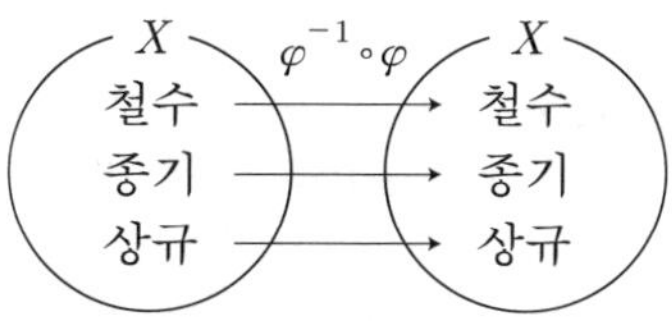

그림 4-8

군이라는 대수구조

일대일 사상 중에서 더 특별한 사상을 알아보자. 그것은 '집합 X에서 집합 X로의 일대일 사상', 즉 같은 집합에 대해서 대응관계를 만든 것이다. 이 책에서는 이를 **자기 일대일 사상**이라 이름 붙이기로 한다(일반적으로 쓰이는 용어는 아니다). 이 자기 일대일 사상의 집합에는 합성에 의해 자연스럽게 (곱셈과 유사한) 대수구조를 도입할 수 있다. 왜냐하면, 2개의 자기 일대일 사상의 합성은 다른 자기 일대일 사상이 되기 때문이다.

이것을 이해하는 간단한 예로서, 1 에서 3 까지의 3개의 자연수로 이루어지는 집합 $X=\{1, 2, 3\}$ 을 생각하자.

집합 X 에서 집합 X 로의 자기 일대일 사상은 그림 4-9와 같이 전부 6개 있다.

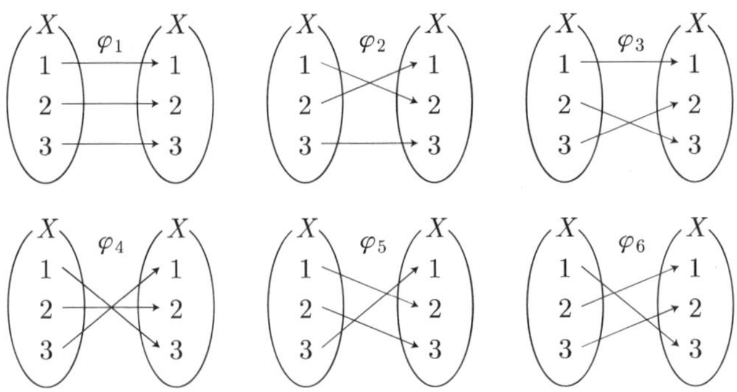

그림 4-9

여기서 알 수 있듯이, φ_1 은 항등사상, φ_5 와 φ_6 는 서로 역사상의 관계, φ_2, φ_3, φ_4 의 각각의 역사상은 각각 자기 자신이다.

이 6개의 사상들에게는 '사상의 합성'을 연산으로 하나의 대수를 도입할 수 있다. 예를 들어, φ_2 와 φ_3 를 합성해서 (이 순서로 연결해서) 합성사상 $\varphi_3 \circ \varphi_2$ 를 만들어보자. 그것은 그림 4-10을 보면 알 수 있듯이 φ_6 와 일치한다.

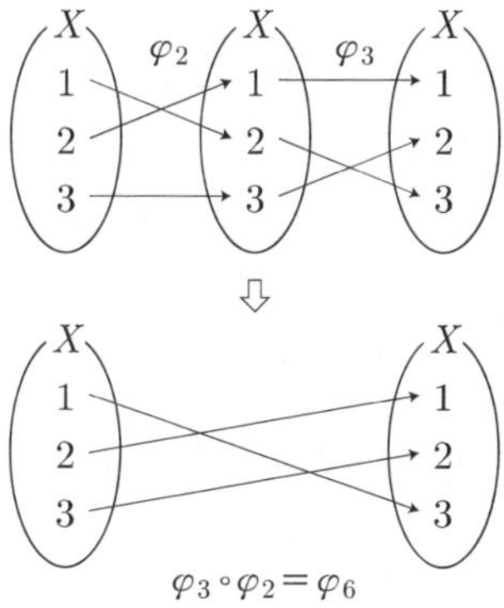

그림 4-10

이처럼 6개의 자기 일대일 사상의 집합에 합성을 연산으로 도입해서 만든 대수 세계를 G 라 하자. G 는 그림 4-11과 같은 표가 된다. 이것을 **곱셈표**라 부른다.

$\varphi_j \circ \varphi_i$

φ_i \ φ_j	φ_1	φ_2	φ_3	φ_4	φ_5	φ_6
φ_1	φ_1	φ_2	φ_3	φ_4	φ_5	φ_6
φ_2	φ_2	φ_1	φ_6	φ_5	φ_4	φ_3
φ_3	φ_3	φ_5	φ_1	φ_6	φ_2	φ_4
φ_4	φ_4	φ_6	φ_5	φ_1	φ_3	φ_2
φ_5	φ_5	φ_3	φ_4	φ_2	φ_6	φ_1
φ_6	φ_6	φ_4	φ_2	φ_3	φ_1	φ_5

그림 4-11 곱셈표

곱셈표 G는 다음과 같은 세 가지 성질이 있다.
(i) 연산에서 상대를 변하지 않게 하는 원소가 있다.
실제, φ_1은 어느 것과 합성하더라도 상대를 변하지 않게 한다. 즉,

$$\varphi_k \circ \varphi_1 = \varphi_k, \quad \varphi_1 \circ \varphi_k = \varphi_k$$

이다. 이것은 φ_1이 항등사상이라는 것과 같은 의미이다.
(ii) 어느 쪽에서 연결해도 된다.
정확히 말하면, 다음 식이 성립한다.

$$\varphi_i \circ (\varphi_j \circ \varphi_k) = (\varphi_i \circ \varphi_j) \circ \varphi_k$$

즉, 3개의 자기 일대일 사상을 합성하는 경우, 처음 2개를 연결하고 그것에 세 번째를 연결하는 것과, 두 번째와 세 번째의 것을 연결하고 그것에 첫 번째를 연결하는 것은 같다(결국, 3개를 연결한다는 의미이다).
(iii) 본래로 되돌릴 수 있다.
정확히 말하면, 어떤 φ_k에도 그 역사상 φ_k^{-1}가 존재해서, 합성하면 항등사상이 된다는 것이다. 어느 것이 어느 것의 역사상인지는 앞에서 설명했다.

하나의 연산이 이들 세 가지 성질을 가지는 대수구조 G를 **군**이라 부른다.

즉, 군 G란 원소와 원소 사이에 연산이 정의되고, 연산결과가 G의 원소가 되며, G의 곱셈표가 위의 (i), (ii), (iii)을 갖추고 있는 것이다.

이렇게 '관계성'이라는, 수학과는 무관해 보이는 개념에 대해서도 그것에 고유의 방법을 도입하고 대수를 만들어내므로 수학자의 발상이라는 것은 매우 특이한 것이다.

그런데 제3장에서 나온 '가환군'도 '군'의 일종이다.

예를 들어, 3 원체 F_3 는 덧셈에 대한 덧셈표를 만들면 그림 4-12와 같다. 이것은 확실히 위의 (i), (ii), (iii)을 만족하고 있다. $[0]$은 (i)의 '연산에서 상대를 변하지 않게 하는 원소'에 해당한다. (ii)는 덧셈이므로 당연히 성립한다. (iii)에 대해서는 $[0]$을 원래대로 되돌리는 것은 $[0]$, $[1]$을 원래대로 되돌리는 것은 $[2]$, $[2]$를 원래대로 되돌리는 것은 $[1]$이다.

$[i]+[j]$

$[i]$ \ $[j]$	$[0]$	$[1]$	$[2]$
$[0]$	$[0]$	$[1]$	$[2]$
$[1]$	$[1]$	$[2]$	$[0]$
$[2]$	$[2]$	$[0]$	$[1]$

그림 4-12

제3장에서 나온 호몰로지군도 마찬가지로 군의 일종임을 확인할 수 있다.

3원체나 호몰로지군은 군의 일종이지만, '연산에 대해 교환법칙이 성립한다'는 조건이 붙어 있으므로 특히 '가환군'이라 부른다. 한편, 자기 일대일 사상이 만드는 군은 '교환법칙'이 성립하지 않는다. 예를 들어, $X=\{1, 2, 3\}$인 경우, 곱셈표에서 보는 것처럼,

$\varphi_3 \circ \varphi_2$는 φ_6이지만, $\varphi_2 \circ \varphi_3$는 φ_5이므로 분명히 $\varphi_3 \circ \varphi_2 \neq \varphi_2 \circ \varphi_3$가 된다. '양말을 신고 나서 신발을 신는' 것과 '신발을 신고 나서 양말을 신는' 것은 결과가 다르다는 점을 상상하면 될 것이다.

군은 어떤 역할을 할까?

군이라는 대수구조의 개념은 19세기의 불행한 천재 갈루아에 의해 창조되었다. 갈루아는 군의 아이디어를 사용하여 방정식의 '근의 공식'에 대해서 획기적인 정리를 증명한 사람이다. 이것은 수학계에서 300년이나 풀지 못했던 문제여서 극적인 것이었다. 자세한 내용은 제5장에서 설명하겠다. 갈루아 이후 군은 20세기부터의 수학에서 없어서는 안 되는 도구가 되었다.

문화인류학자 레비 스트로스[1]는 오스트레일리아의 원주민을 조사했다. 그때, 그들의 혼인관계에 대해서 상세한 관계도를 만들었다. 그 혼인관계도에 독특한 법칙이 있다고 느낀 레비 스트로스는 그 해결을 친구인 수학자 앙드레 베유[2]에게 의뢰했다. 베유는 가환군의 이론을 사용하여 그 법칙을 완벽하게 찾아내었다고 한다.

베유는 20세기의 위대한 수학자 중 한 명으로 역사에 이름을 남겼으며, 그의 누이인 시몬 베유[3]는 사상가로서 이름을 널리 알렸다.

---

1) Claude Lévi-Strauss(1908~2009): 문화를 이루는 구조적 관계를 분석하는 방법으로 문화의 체계를 읽어낸 구조주의의 선구자이다.
2) André Weil(1906~1998): 수론과 대수기하학에 지대한 공헌을 한 프랑스 수학자이다. 니콜라 부르바키의 창립 멤버로서 초기 리더였다.
3) Simone Adolphine Weil(1909~1943): 프랑스의 철학자이다.

방정식을 대칭성의 관점에서 보다

5

제4장에서는 함수의 발전형으로서의 사상의 아이디어를 설명하였으며, 자기 일대일 사상들 사이에 군이라는 대수가 발생함을 설명했다. 이 장에서는 그것을 이용하여 방정식을 심층 탐구하기로 한다. 구체적으로는 중학생이 배우는 '이차방정식의 근[1]의 공식'을 군의 관점에서 다시 보고, 그것을 중·고등학생이 배우지 않는 '삼차방정식의 근의 공식'으로 발전시키는 것이다.

이 장의 설명을 읽으면, 방정식 속에 '숨겨진 대칭성'이 있음을 이해할 수 있다. 그리고 그것은 제4장에서 설명한 자기 일대일 사상과 깊은 관련이 있음을 발견할 수 있을 것이다.

이차방정식과 해

이차방정식이란 $a(\neq 0)$, b, c를 상수라 할 때,

$$ax^2+bx+c=0$$

라는 꼴을 한 방정식이다. 여기서 양변을 a로 나누면, x^2의 계수는 처음부터 1이라고 해도 되므로

$$x^2+bx+c=0 \qquad ①$$

이라는 꼴의 방정식만을 다루기로 한다.

---

1) 원래 방정식의 답은 일반적으로 '해'라고 하며, 특히 1변수 방정식의 해를 '근'이라고 불렀지만, 용어가 2개 있는 것은 혼동하기 쉬우므로 일본의 학습지도요령에서는 '해'로, 우리나라의 교육과정에서는 '근'으로 통일되어 있다. 이 책에서는 본래의 취지를 살려 '해'와 '근'을 혼용하고 있다. 자세한 설명은 213쪽의 '읽을거리'를 참고하기 바란다.

이차방정식의 해법은 중학교 3학년 교육과정에서 배우는데, 여기에서는 발전적인 과정에 따라 교과서와는 조금 다른 접근을 하기로 하자.

예를 들어, 다음 이차방정식을 생각하자.

$$x^2+4x-12=0 \qquad ②$$

이것은 식 ①에서 $b=4$, $c=-12$로 한 것이다.

이 이차방정식은 해 $x=2$를 가진다. 실제로, 좌변의 x에 2를 대입해서 계산해보면,

$$2^2+4\times2-12=4+8-12=0$$

이 되어 확실히 계산결과는 0이 된다. 이러한 이차방정식의 해를 어림짐작이 아니라 체계적으로 구하기 위해서는 어떻게 하면 될까?

이차방정식에는 '이차방정식의 근의 공식'이 있어서 식 ①의 b와 c의 수치가 주어지면, 정해진 계산 순서에 따라 해를 바로 구할 수 있다.

근의 공식의 오래된 역사

이차방정식은 고대부터 연구되었다(참고문헌 [4]를 참조하라). 예를 들면, 고대 이집트의 《파피루스》라 불리는 책 속에 '테베·파피루스(Thebes Papyrus)'라는 것이 있다. 이 책에는 "2개의 정사각형의 변의 비가 4 대 3이고, 넓이의 합이 100이 되도록 하여라"라는 문제가 실려 있다. 큰 쪽 정사각형의 변의 길이를 x라 하고 식을 세우면 이차방정식이 된다.

이차방정식의 해법을 본격적으로 생각한 것은 기원전 1600년경 바빌로니아였다. 바빌로니아의 가장 오래된 점토판에는 이차방정식 문제가 쓰여 있다. 예를 들면 다음과 같은 문제와 해법이 기록되어 있다고 한다. "정사각형의 넓이에서 한 변의 길이를 뺀 값이 870 이면, 그 정사각형의 한 변의 길이는 얼마일까?" 이것을 식으로 쓰면

$$x^2 - x = 870$$

이라는 이차방정식이 된다. 점토판에 기록된 해법에는 본질적으로 '이차방정식의 근의 공식'과 같은 계산법이 이용되고 있다. 현대어로 번역해서 쓰면 다음과 같다.

먼저 1 의 반을 취한다. 이것은 0.5 이다. 0.5 와 0.5 를 곱하면 0.25 가 된다. 이것을 870 에 더하면 870.25 가 된다. 이것은 29.5 의 제곱이다. 이 29.5 에 0.5 를 더하면 30 이 된다. 이것이 구하는 정사각형의 한 변의 값이다.

실제로 $30^2 - 30 = 870$ 이므로 틀림없이 해가 된다. 이렇게 아득한 옛날에 '근의 공식'의 유사물이 알려져 있었음은 경이적인 사실이다.

단지 이집트나 바빌로니아에서는 문자식에 의한 수식 표현이 없었다는 것과 음수를 인식할 수 없었기 때문에, 현재와 같은 꼴로 '근의 공식'이 주어질 수 없었다.

완전한 이차방정식의 해법을 준 사람은 7세기경 인도의 천문학자 브라마굽타나 12세기의 천문학자 바스카라였다. 이들 인도수학의 위업은 '이차방정식에는 해가 2개 있다'라는 것을 인식했다는 것이다. '해가 2개 있다'라는 인식에 도달할 수 있었던 것은 '음수'의 존재를 이해할 수 있었기 때문이다. 인도수학 이전에는 계수를 양수

로 한정할 수밖에 없었으므로 방정식을 분류해서 풀어야 하기에 '근의 공식'은 매우 귀찮은 것이었다.

이차방정식의 풀이방법

이제, 이차방정식의 해법의 원리를 살펴보기로 하자. 다시 식 ② 를 보자.

$$x^2 + 4x - 12 = 0 \qquad ②$$

여기에서는 '**치른하우스**[2] 변형'이라는 방정식의 변형방법을 이용한다. 치른하우스는 이 방법을 제시한 수학자의 이름이다.

먼저, x의 계수 4를 반으로 한 2를 y에서 뺀 것을 x에 대입한다. 즉, $x = y - 2$를 식 ②에 대입한다. 그러면

$$(y-2)^2 + 4(y-2) - 12 = 0$$

이 된다. 이것을 공식 $(a-b)^2 = a^2 - 2ab + b^2$을 이용해서 전개하여 정리하면,

$$(y^2 - 4y + 4) + (4y - 8) - 12 = 0$$
$$y^2 - 16 = 0 \qquad ③$$

이라는 y에 대한 이차방정식이 얻어진다. 식 ③에 1차항이 없어진 것(식 ①에서 $b = 0$이 되었다는 것)이 핵심이다. 여기서 $16 = 4^2$이므로 인수분해 공식 $a^2 - b^2 = (a-b)(a+b)$를 사용하면, 식 ③은

2) Ehrenfried Walter von Tschirnhaus(1651~1708): 독일의 수학자이며, 동시대 학자로는 뉴턴과 라이프니츠가 있다.

$$(y-4)(y+4)=0 \quad ④$$

으로 인수분해 할 수 있다. 0이 아닌 두 수를 곱해서 0을 만들 수는 없으므로, '곱해서 0이면 어느 한쪽은 0'이 성립한다(이것은 19쪽의 아이디얼 (0)이 소아이디얼임을 설명할 때에도 말한 원리이다). 따라서 식 ④가 성립하는 것은

$$(y-4)=0 \text{ 또는 } (y+4)=0$$

인 경우뿐이므로 식 ③의 해는

$$y=4 \text{ 또는 } y=-4$$

로 구해진다. y에서 2를 빼면, 본래 방정식의 해, 즉 $x=y-2$이었음을 생각하면,

$$x=2,\ -6$$

이 식 ②의 해가 된다. 즉, 이차방정식 ②에는 정확히 2개의 해가 있으며, 그것은 2와 -6임을 알 수 있다.

그런데 $x=y-2$이므로 $y=x+2$이다. 식 ④의 좌변의 y에 $x+2$를 대입해보자.

$$(x+2-4)(x+2+4)=(x-2)(x-(-6))$$

이라는 인수분해가 얻어진다. 이것으로부터 이차방정식 ②의 좌변은 x에서 해를 뺀 식으로 분해된다는 점을 알았다. 이것은 일반적으로 성립하므로 법칙으로 정리해 두기로 하자.

해에 의한 인수분해의 원리

이차방정식은 해에 의해

$$(x-[\text{한쪽 해}])(x-[\text{다른 한쪽 해}])=0$$

이라는 꼴로 표현할 수 있다.

특수한 해의 이차방정식

이차방정식을 깊이 연구하기 위해서 특수한 이차방정식의 해도 조사하자.

$$x^2+4x-1=0 \qquad ⑤$$

는 어떨까? 마찬가지로 $x=y-2$를 대입해서 치른하우스 변형을 하면,

$$y^2-5=0$$

이 된다. 이 경우 5는 제곱수가 아니지만, 제곱근을 사용하면 $5=\sqrt{5}^2$으로 나타낼 수 있으므로 마찬가지로

$$(y-\sqrt{5})(y+\sqrt{5})=0$$

으로 인수분해 할 수 있다. 따라서

$$y=\sqrt{5} \text{ 또는 } y=-\sqrt{5}$$

이므로 식 ⑤의 두 해는

$$x = \sqrt{5} - 2,\ -\sqrt{5} - 2$$

로 구해진다. 이것은 $\sqrt{5}$ 라는 무리수가 들어 있는 해이다.

다음 예는 고등학교에서 처음 배우는 것이다.

$$x^2 + 4x + 8 = 0 \qquad ⑥$$

이것도 $x = y - 2$ 를 대입해서 치른하우스 변형을 하면,

$$y^2 + 4 = 0$$

이 된다. y가 실수(수직선 위의 수)인 경우, y^2은 반드시 0 이상의 수이므로 좌변 $y^2 + 4$는 양(+)이다. 따라서 $y^2 + 4 = 0$을 만족하는 y는 실수 범위에서는 존재하지 않는다. 즉, 실수 범위에서 보는 한 '해 없음'이 된다.

그러나 수학자는 '제곱해서 -1이 되는' '가공의 수'를 도입해서, 식 ⑥의 해를 구할 수 있도록 했다. 이 '가공의 수'는 **허수 단위**라 부르며, i라 표기한다. 허수 단위 i는 $i^2 = -1$을 만족하는 수(2개 있는 것의 임의의 한쪽)이다. 이것을 사용하면,

$$\begin{aligned} & y^2 + 4 = 0 \\ & \quad \to y^2 - 4 \times (-1) = 0 \\ & \quad \to y^2 - 4i^2 = 0 \end{aligned} \qquad ⑦$$

으로 변형할 수 있으므로

$$(y - 2i)(y + 2i) = 0$$

으로 인수분해 할 수 있으며,

$$y = 2i \quad \text{또는} \quad y = -2i$$

가 되어, 식 ⑥은 허수해

$$x = 2i - 2, \ -2i - 2$$

를 가짐을 알 수 있다. $2i-2$와 같은 허수 단위가 들어 있는 수는 **복소수**라 한다. 조금 전 아무렇지 않게 '제곱해서 -1이 되는 수는 2개 있고, 그 임의의 한쪽을 i라 표기한다'고 설명했다. 그러나 이것은 매우 중요한 사실을 시사한다. 왜냐하면 '임의의 한쪽'으로밖에 기술할 방법이 없기 때문이다. 이 이치가 이 장에서 중요한 역할을 한다는 것을 기억하기 바란다.

비록 이 단계에서는 복소수가 '비현실적인 수'이지만, 제6장에서 이 수를 '실재화'하는 수학자의 방법론을 소개한다.

근의 공식을 유도한다

치른하우스 변형의 원리를 사용하면, 최초의 이차방정식

$$x^2 + bx + c = 0 \qquad ①$$

을 문자 b와 c 그대로 두고 풀어서 근의 공식을 구할 수 있다. 근의 공식이라는 것은 계수 b와 c가 주어지면, 정해진 순서로 해를 계산할 수 있는 만능 해법이다. 그것은 해를 b와 c만으로 표현할 수 있으면 된다.

$x = y - \dfrac{b}{2}$를 대입해서 치른하우스 변형을 하면,

$$y^2 - \frac{b^2}{4} + c = 0 \rightarrow y^2 - \frac{b^2 - 4c}{4} = 0 \qquad ⑧$$

이 된다. 여기서 두 번째 항의 분자 $b^2 - 4c$를 방정식 ①의 판별식이라 부르며, D 라는 기호로 쓴다(D는 discriminant의 D이다).

좌변을 인수분해 하고 싶지만, 그것을 위해서 다음과 같은 약속이 필요하다. 즉, D 가 0 이상일 때 $\sqrt{D}$ 는 그대로 D 의 0 이상의 제곱근이라 한다. 예를 들어, $D=2$ 이면 $\sqrt{D}=\sqrt{2}$ 이다. D 가 음일 때는 $\sqrt{D}$ 는 $\sqrt{|D|}\,i$ 즉, D 의 절댓값의 양의 제곱근에 허수단위 i 를 곱한 것으로 정의한다. 예를 들어, $D=-4$ 이면 $|D|=4$ 이고 $\sqrt{D}=2i$ 이다. 이렇게 정의하면 식 ⑧은

$$y^2 - \left(\frac{\sqrt{D}}{2}\right)^2 = 0$$

이라 바꿔 쓸 수 있다(D 의 부호로 경우를 나누어 $\sqrt{D}$ 를 정의했으므로 어느 경우도 좌변이 뺄셈이 되는 것이 특징이다).

$$\left(y - \frac{\sqrt{D}}{2}\right)\left(y + \frac{\sqrt{D}}{2}\right) = 0$$

으로 인수분해 할 수 있다. 이것으로부터 y를 구하고, 그들을 x 로 되돌림으로써 다음의 공식을 얻는다.

이차방정식의 근의 공식

$$x = -\frac{b}{2} + \frac{\sqrt{D}}{2},\ x = -\frac{b}{2} - \frac{\sqrt{D}}{2} \qquad \cdots\cdots\ (*)$$

(단, $D = b^2 - 4c$)

이 공식으로부터 해가 체계적으로 유도된다는 것은 근의 공식을 다음과 같이 단계적으로 나누어서 순서대로 기술하면 명확하게 알 수 있다.

해를 유도하는 순서

단계 1: b와 c를 준다.

단계 2: 판별식 $D=b^2-4c$를 계산한다.

단계 3: D가 0 이상이면 $\sqrt{D}$를 계산한다. D가 음이면 $\sqrt{|D|}\,i$를 계산한다.

단계 4: $-\frac{b}{2}$를 계산한다.

단계 5: 단계 4의 수에서 단계 3의 수를 빼면 한쪽의 해, 단계 4의 수에서 단계 3의 수를 더하면 다른 한쪽의 해를 얻는다.

이차방정식은 왜 풀리는 것일까?

이로써 이차방정식의 근의 공식을 유도하는 데 성공했다. 그런데 근의 공식이 존재하는 것은 어떤 이유에서일까? 이것은 아주 중요한 질문이다. 왜냐하면 그 이유를 알면 좀 더 고차의 삼차방정식, 사차방정식, 오차방정식 등의 근의 공식에도 접근할 수 있을지도 모르기 때문이다.

이 물음에 답하기 위해서 이차방정식 ①의 해를 α와 β라는 문자로 쓰기로 하자. 91쪽에서 설명한 '해에 의한 인수분해'에 의해,

이차방정식 ①의 좌변은

$$x^2+bx+c=(x-\alpha)(x-\beta)$$

로 인수분해 된다. 우변을 전개해서 정리하면,

$$x^2+bx+c=x^2+(-\alpha-\beta)x+\alpha\beta$$

가 되므로

$$b=-(\alpha+\beta),\quad c=\alpha\beta \qquad (**)$$

임을 알 수 있다. 즉, 이차방정식의 x의 계수는 두 해의 합을 -1배 한 수가 되며, 상수항은 두 해의 곱으로 되어 있다.

이것을 전제로 근의 공식 (*)을 자세하게 분석해보자.

먼저, 근의 공식 (*)에 나타나는 판별식

$$D=b^2-4c$$

가 무엇인가를 살펴보자. 이 식에 위의 공식 (**)을 대입하고, D와 해의 관계를 조사한다.

$$\begin{aligned}D&=b^2-4c\\&=(-(\alpha+\beta))^2-4\alpha\beta\\&=\alpha^2+2\alpha\beta+\beta^2-4\alpha\beta\\&=\alpha^2-2\alpha\beta+\beta^2\\&=(\alpha-\beta)^2\end{aligned}$$

이 된다. 즉, 판별식 D는 '해의 차의 제곱'이 된다. 이것을 알면, 근의 공식 (*)이 왜 해를 자동적으로 유도하는가를 '예측할 수' 있게 된다.

먼저, D가 0 이상인 경우를 생각해보자.

이때 $\sqrt{D}$와 $-\sqrt{D}$는 한쪽이 $(\alpha-\beta)$이고, 다른 한쪽이 $(\beta-\alpha)$가 된다(양자가 -1배의 관계가 있음에 유의하자). 공식 (**)로부터

$$-b=\alpha+\beta$$

이므로 근의 공식 (*)에서 한쪽의 계산은

$$\frac{\alpha+\beta}{2}+\frac{\alpha-\beta}{2}=\alpha \quad ⑨$$

가 되고, 다른 한쪽 계산은

$$\frac{\alpha+\beta}{2}+\frac{\beta-\alpha}{2}=\beta \quad ⑩$$

가 된다. 이것에서 알 수 있듯이, 근의 공식 (*)은 확실히 한쪽이 해 α를, 다른 한쪽이 해 β를 유도하고 있다.

D가 음수인 경우는 다소 섬세한 분석이 필요하다. 예를 들어, $D=-16$이라 하자. 물론 $D=(\alpha-\beta)^2$이 되는 것은 마찬가지이므로 $(\alpha-\beta)^2=-16$이다. 따라서 $(\alpha-\beta)^2-(4i)^2=0$로부터

$$\alpha-\beta=4i \text{ 또는 } -4i$$

임을 알 수 있다. 이것은 정확히 $\sqrt{|D|}\,i$와 $-\sqrt{|D|}\,i$의 조합이다. 즉, D가 음인 경우도 $\sqrt{D}$와 $-\sqrt{D}$는 한쪽이 $(\alpha-\beta)$이고, 다른 한쪽이 $(\beta-\alpha)$라는 관계가 성립하므로 식 ⑨, ⑩의 논의가 그대로 통용된다.

식 ⑨, ⑩의 계산을 곰곰이 관찰하면, 다음을 알 수 있다.

(관찰 1) 해의 차의 제곱 $(\alpha-\beta)^2$ 은 방정식 ①의 계수 b와 c 만으로 계산되는 판별식 D 이다.

(관찰 2) 판별식 D 의 제곱근은 두 해의 뺄셈 $(\alpha-\beta)$, $(\beta-\alpha)$ 가 된다.

(관찰 3) 해의 합 $(\alpha+\beta)$와 해의 차 $(\alpha-\beta)$의 평균에 의해 해 α가 유도된다.

실제로 위의 세 가지 관찰이 근의 공식의 본질을 말하고 있으며, 삼차 이상의 고차방정식에도 응용할 수 있다.

먼저, 관찰 1이 중요하다. 주목할 점은 근의 공식이 존재한다면, 그것은 해에 관한 대칭성을 갖추어야 한다는 것이다.

공식 (**)을 조망하면 알 수 있듯이, 두 해에 대해서 어느 쪽이 α이고 어느 쪽이 β이든 결과는 동일하다. 특히 허수 단위의 설명을 다시 읽으면 알 수 있듯이, 허수 단위 i는 제곱해서 -1이 되는 두 수의 어느 쪽을 i라 했지만, 이론적으로 특정될 수 없다. 따라서 α라 한 것을 β로 바꿔 쓰고, 역으로 β라 한 것을 α로 바꿔 쓰더라도 같은 결과가 나오지 않으면 안 되는 것이다. 이 바꿔쓰기는 제4장의 '사상'이라는 개념을 사용하여 해의 집합 $X=\{\alpha, \beta\}$에서 X 자신으로 가는 사상 φ를 그림 5-1과 같이 정의할 수 있다.

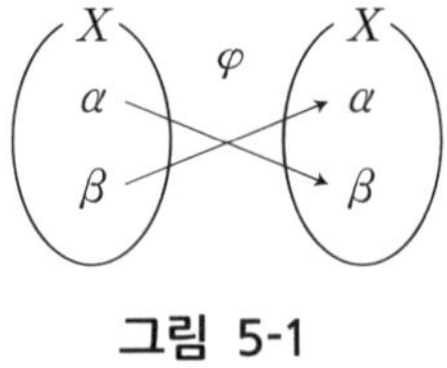

그림 5-1

이때, 근의 공식은 **자기 일대일 사상 φ에 관한 불변성**을 가져야 한다. 즉, '해를 바꿔 넣더라도 근의 공식에는 아무 변화도 일어나지 않는다'는 성질이다.

사실, 이차방정식의 경우에 판별식 $D=(\alpha-\beta)^2$은 다음과 같이 자기 일대일 사상 φ에 관해서 불변이다. 즉, α와 β를 바꿔 넣더라도 D는 변하지 않는다(그림 5-2).

$$(\varphi(\alpha)-\varphi(\beta))^2=(\beta-\alpha)^2=(\alpha-\beta)^2=D$$

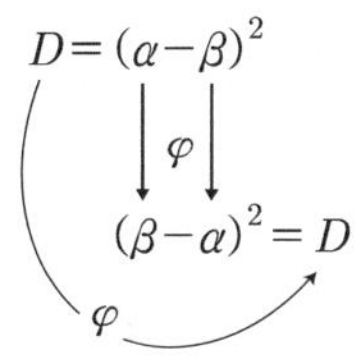

그림 5-2

한편, 관찰 2와 관찰 3은 '근의 공식을 얻기 위해서는 해를 사용한 일차식이 얻어지면 된다'는 의미이다. 이차방정식의 경우에는 식 ⑨, ⑩과 같이 합과 차를 서로 더하는 꼴이 나타난다. 정리하면, 근의 공식의 본질은 다음과 같다.

(i) 판별식
(ii) 해의 정렬을 나타내는 자기 일대일 사상 φ에 관한 불변성
(iii) 해로 만든 일차식

이들 '본질성'을 깊이 추구하면, 삼차방정식의 근의 공식이나 사

차방정식의 근의 공식의 존재를 가르쳐준다. 또 5차 이상의 방정식에는 근의 공식이 존재하지 않음도 가르쳐준다. 이제, 삼차방정식을 분석해보자.

세제곱근은 3개이다

삼차방정식의 근의 공식을 이해하기 위한 도구로서, 먼저 기본적인 전개와 인수분해 공식을 살펴보자.

$$(a+b)^3 = a^3 + 3a^2b + 3ab^2 + b^3 \quad ⑪$$

$$a^3 - b^3 = (a-b)(a^2 + ab + b^2) \quad ⑫$$

이제, 가장 먼저 필요한 것은 '세제곱근'에 대한 지식이다. 이차방정식의 해에 제곱근이 나타나듯이, 삼차방정식에는 세제곱근이 나타나기 때문이다.

세제곱근에는 제곱근과 근본적으로 다른 점이 있다. 그것은 처음부터 허수(복소수)를 피할 수 없다는 점이다. 제곱근에서 허수는 '특별한 경우'로서 등장했지만(92쪽), 세제곱근에서 허수는 자주 나타난다.

먼저, '1 의 세제곱근'을 설명하자. 그것은

$$x^3 = 1 \quad ⑬$$

을 만족하는 수이다.

물론 $x = 1$ 은 방정식 ⑬의 해가 되지만, 그 외에 2개의 해가 있다. 그것을 구하기 위해서는 인수분해 공식 ⑫를 이용한다. $x^3 - 1 = 0$ 으로 변형하면,

$$\text{좌변} = x^3 - 1 = (x-1)(x^2+x+1)$$

이므로 1 이외의 해는 이차방정식

$$x^2 + x + 1 = 0$$

의 해임을 알 수 있다. 이 해를 앞의 '이차방정식의 근의 공식'으로 구하자.

$$\text{판별식 } D = 1^2 - 4 \times 1 = -3$$

이므로 허수해가 된다. D 의 제곱근 $\sqrt{D}$ 와 $-\sqrt{D}$ 는 $|D| = 3$ 으로부터

$$\sqrt{3}\,i, \ -\sqrt{3}\,i$$

이므로 해는

$$-\frac{1}{2}+\frac{1}{2}\sqrt{3}\,i, \ -\frac{1}{2}-\frac{1}{2}\sqrt{3}\,i$$

이다. 수학에서는 전자를 ω 로 나타낸다. 전자를 ω 라 표기하면, 후자는 자동적으로 ω^2 이 된다. 사실

$$\begin{aligned}\omega^2 &= \left(-\frac{1}{2}+\frac{1}{2}\sqrt{3}\,i\right)^2 \\ &= \frac{1}{4}-\frac{1}{2}\sqrt{3}\,i+\frac{3}{4}i^2\end{aligned}$$

에 대해서 $i^2 = -1$ 을 대입하면 확실히 후자가 된다. 즉, 방정식 ⑬의 해는

$$1, \ \omega, \ \omega^2$$

이다. 이들을 '1 의 세제곱근'이라 부른다.

이것을 이용하여 일반적인 수의 세제곱근을 구하자. 예를 들어, 27 의 세제곱근은 $27 = 3^3$ 이므로 간단하게 구해진다.

$$x^3 = 27$$

의 양변을 27 로 나누어서 다음과 같이 변형한다.

$$\left(\frac{x}{3}\right)^3 = 1$$

이것은 방정식 ⑬과 같은 꼴의 방정식이므로 이 해는 1 의 세제곱근을 이용하여

$$\frac{x}{3} = 1,\ \omega,\ \omega^2$$

으로 구해진다. 따라서 3배 함으로써 해는

$$3,\ 3\omega,\ 3\omega^2$$

임을 알 수 있다. 일반적인 수 a(실수와 허수 모두 가능)에 대해서, a 의 세제곱근을 구하기 위해서는

$$x^3 = a$$

의 3개의 해를 구하면 되지만, 그 가운데 하나를 $\sqrt[3]{a}$ 라 표기하면 해는

$$\sqrt[3]{a},\ \sqrt[3]{a}\,\omega,\ \sqrt[3]{a}\,\omega^2$$

으로 나타낼 수 있다. 요컨대 일반적인 세제곱근은 1 의 세제곱근에 같은 수를 곱한 것이다.

삼차방정식의 치른하우스 변형

삼차방정식은 일반적으로

$$ax^3 + bx^2 + cx + d = 0 \quad (a \neq 0)$$

이라는 꼴이다. 그러나 양변을 a로 나누면 처음부터

$$x^3 + bx^2 + cx + d = 0$$

이라는 꼴이라고 해도 일반성을 잃지 않는다. 더욱이 앞에서 나왔던 치른하우스 변형을 하면 보다 간단하게 표현할 수 있다. $x = y - \dfrac{b}{3}$를 대입하면

$$\left(y - \frac{b}{3}\right)^3 + b\left(y - \frac{b}{3}\right)^2 + c\left(y - \frac{b}{3}\right) + d = 0$$

이다. 이것을 전개하면,

$$y^3 + Ay + B = 0 \qquad ⑭$$

이라는 꼴이 된다(y^2항은 2개 나온다. 하나는 최초의 항에 전개공식 ⑪을 사용하여 나오는 $-by^2$이고, 다른 하나는 두 번째 항을 전개해서 나오는 by^2이다. 이것들은 상쇄되므로 y^2항은 없어진다). 즉, 이 삼차방정식 ⑭를 풀면 된다. 다음으로 삼차방정식 ⑭의 해 α, β, γ와 계수 A와 B의 관계를 구하자. 앞에서와 마찬가지로, 삼차방정식 ⑭의 좌변은 해를 사용하여

$$y^3 + Ay + B = (y - \alpha)(y - \beta)(y - \gamma) \qquad ⑮$$

로 인수분해 된다. 이것을 정확히 증명하는 것은 어렵지 않지만, 직관적으로도 이해할 수 있으므로 생략한다. 이 우변이

$$\begin{aligned}&(y-\alpha)(y-\beta)(y-\gamma)\\&\quad=y^3-(\alpha+\beta+\gamma)y^2+(\alpha\beta+\beta\gamma+\gamma\alpha)y-\alpha\beta\gamma\end{aligned} \quad ⑯$$

로 전개되므로, 식 ⑮와 ⑯을 비교해서

$$0=-(\alpha+\beta+\gamma) \quad ⑰$$

$$A=\alpha\beta+\beta\gamma+\gamma\alpha \quad ⑱$$

$$B=-\alpha\beta\gamma \quad ⑲$$

가 얻어진다. 이것을 '삼차방정식의 해와 계수의 관계'라 부른다. 주목해야 할 것은 식 ⑰, ⑱, ⑲는 어느 것이라도 α, β, γ에 관해서 대칭성을 가지고 있으며, α, β, γ를 서로 바꿔 넣더라도 식에 아무런 영향이 없다는 사실이다. 이것은 방정식의 해라는 것이 대수적으로는 갑을(甲乙)이라 붙여서 구별할 수 없다는 의미이며, 이는 대수학의 기본이 되는 관점이다.

삼차방정식에도 판별식이 있다

이차방정식의 근의 공식에서 중요한 역할을 한 것은 판별식 D였다. 삼차방정식에서도 이것은 마찬가지이다. 즉, 삼차방정식에도 판별식이 존재한다.

먼저 이차방정식

$$x^2+bx+c=0$$

의 판별식 D가 계수 b와 c의 식인

$$D = b^2 - 4c$$

로 나타내어지고, 더욱이 α, β에 의해

$$D = (\alpha - \beta)^2$$

으로 나타냈던 것을 상기하자(96쪽).

마찬가지로, 삼차방정식 ⑭의 판별식은 해 α, β, γ에 의해

$$\Delta = (\alpha - \beta)^2 (\beta - \gamma)^2 (\gamma - \alpha)^2 \quad ⑳$$

으로 정의된다. 여기서 그리스 문자 Δ는 '델타'라고 읽는다. 해의 차의 제곱으로 만들어져 있음은 이차방정식과 마찬가지이지만, 해가 3개 있기 때문에 이러한 꼴이 되는 것이다.

이 식은 해와 계수의 관계식 ⑰, ⑱, ⑲를 이용하면, 다음과 같이 계수만으로 나타낼 수 있다.

$$\Delta = -4A^3 - 27B^3 \quad ㉑$$

식 ⑳과 ㉑이 일치함은 식 ㉑에 식 ⑱, ⑲를 대입하고 또 식 ⑰을 사용하면 알 수 있는데, 지면을 대폭 할애해야 하므로 여기서는 생략한다.

삼차방정식의 근의 공식 바로 이것!

삼차방정식 ⑭에는 다음과 같은 근의 공식이 알려져 있다.

삼차방정식의 근의 공식

$$x^3 + Ax + B = 0$$

의 3개의 해는 판별식

$$\Delta = -4A^3 - 27B^3$$

에 대해서 두 수 u와 v를

$$u = \sqrt[3]{\frac{-B}{2} + \sqrt{\frac{-\Delta}{4 \cdot 27}}}, \quad v = \sqrt[3]{\frac{-B}{2} - \sqrt{\frac{-\Delta}{4 \cdot 27}}}$$

로 정의하고, 그것을 이용해서 다음의 세 가지로 표현할 수 있다.

$$u + v,\ \omega u + \omega^2 v,\ \omega^2 u + \omega v$$

단, u와 v에서의 세제곱근은 세 가지 가운데 하나를 택하면 된다. 또 ω는 1의 세제곱근이다.

이것이 확실히 근의 공식이 됨을 간단한 예로 확인해보자. 104쪽에서 다룬 27의 세제곱근을 구하는 방정식

$$x^3 - 27 = 0$$

인 경우, $A = 0$, $B = -27$이므로 판별식은

$$\Delta = -4A^3 - 27B^2 = -27^3$$

이다. 따라서 u의 세제곱근의 내부는

$$\frac{27}{2}+\sqrt{\frac{27^3}{4\cdot 27}}=\frac{27}{2}+\sqrt{\frac{27^2}{4}}=\frac{27}{2}+\frac{27}{2}=27$$

이다. 27의 세제곱근 중 하나인 3을 취하면 $u=3$이다.

마찬가지로, v의 세제곱근의 내부는

$$\frac{27}{2}-\sqrt{\frac{27^3}{4\cdot 27}}=\frac{27}{2}-\sqrt{\frac{27^2}{4}}=\frac{27}{2}-\frac{27}{2}=0$$

이다. 0의 세제곱근은 0뿐이므로 $v=0$이다.

이상으로부터 3개의 해는

$$u+v=3,\ \omega u+\omega^2 v=3\omega,\ \omega^2 u+\omega v=3\omega^2$$

이 되고, 정확히 해가 구해진다.

재미있는 것은 u를 구할 때 다른 세제곱근을 택해도 된다는 것이다. 예를 들어, 3이 아니라 3ω를 택한 경우, 세 가지 해는

$$u+v=3\omega,\ \omega u+\omega^2 v=3\omega^2,\ \omega^2 u+\omega v=3\omega^3$$

이 된다. ω는 1의 세제곱근이었으므로 $\omega^3=1$이므로 최후의 해는 3이 되고, 결국은 앞과 똑같은 세 가지 해가 얻어진다.

이 삼차방정식의 근의 공식은 16세기 이탈리아에서 발견되었다. 발견한 사람은 폰타나[3]나 델 페로[4]라는 수학자로, 발견에는 매우 재미있는 비화가 있지만 여기서는 다루지 않기로 한다(관심 있는

---

3) Nicolo Fontana(1499~1557): 어릴 때 프러시아에 침입해온 프랑스 병사에게 아버지가 살해된 충격으로 말을 더듬게 되어 '타르탈리아(Tartaglia, 이탈리아어로 말더듬이라는 뜻)'라는 별명이 붙었다.

4) Scipione del Ferro(1465~1526): 삼차방정식의 해법을 고안한 것으로 알려져 있다.

사람은 참고문헌 [4]를 참조하라).

근의 공식의 구조는?

여기서는 삼차방정식의 근의 공식에서 어떻게 해가 구해지는지, 그 구조에 대해서 설명하기로 하자.

결론을 먼저 말해두겠다.

근의 공식의 세제곱근의 내부는 식 ⑲와 ⑳에서 해 α, β, γ의 식으로 나타낼 수 있다. 예를 들어, u는

$$u=\sqrt[3]{\frac{\alpha\beta\gamma}{2}+\sqrt{\frac{-(\alpha-\beta)^2(\beta-\gamma)^2(\gamma-\alpha)^2}{4\cdot 27}}} \qquad ㉒$$

과 같이 되지만, 세제곱근을 적절하게 택하면

$$u=\frac{1}{3}\alpha+\frac{1}{3}\omega^2\beta+\frac{1}{3}\omega\gamma \qquad ㉓$$

로 간단히 정리할 수 있다. 마찬가지로, v도 세제곱근을 적절히 택하면

$$v=\frac{1}{3}\alpha+\frac{1}{3}\omega\beta+\frac{1}{3}\omega^2\gamma$$

로 나타낼 수 있다. 그러면

$$u+v=\frac{2}{3}\alpha+\frac{1}{3}(\omega^2+\omega)\beta+\frac{1}{3}(\omega^2+\omega)\gamma$$

가 된다. 여기서 1의 세제곱근 ω가 $x^2+x+1=0$의 해였던 것을 상기하면, $\omega^2+\omega=-1$임을 알 수 있다. 또 식 ⑰로부터 $-\beta-\gamma=\alpha$

이므로 이들을 위 식에 대입하면,

$$u+v=\frac{2}{3}\alpha-\frac{1}{3}\beta-\frac{1}{3}\gamma=\frac{2}{3}\alpha+\frac{1}{3}\alpha=\alpha$$

로 해 α가 구해진다. 나머지 해도 구해보면,

$$\begin{aligned}
&\omega u+\omega^2 v\\
&=\omega\left(\frac{1}{3}\alpha+\frac{1}{3}\omega^2\beta+\frac{1}{3}\omega\gamma\right)\\
&\quad+\omega^2\left(\frac{1}{3}\alpha+\frac{1}{3}\omega\beta+\frac{1}{3}\omega^2\gamma\right)\\
&=\frac{1}{3}(\omega+\omega^2)\alpha+\frac{1}{3}(\omega^3+\omega^3)\beta+\frac{1}{3}(\omega^2+\omega^4)\gamma\\
&=-\frac{1}{3}\alpha+\frac{2}{3}\beta-\frac{1}{3}\gamma=\beta
\end{aligned}$$

라고 해 β가 멋지게 나온다. 마찬가지로

$$\omega^2 u+\omega v=\gamma$$

도 구해진다.

요점은 식 ㉒에서 식 ㉓이 유도되는 데 있지만, 이것은 꽤 복잡한 계산이므로 우선 이대로 믿고 받아들여주기 바란다.

여기서는 '어떻게 이런 멋진 계산이 가능할까?'에 대해서 도식화하여 설명하고자 한다. 위를 관찰하면, 이차방정식일 때처럼

(i) 판별식
(ii) 해의 정렬을 나타내는 자기 일대일 사상에 관한 불변성
(iii) 해로 만든 일차식(예를 들어 식 ㉓)

이 관련되어 있음을 관찰할 수 있다. (i), (iii)은 분명하므로 (ii) 에 대해서 살펴보자.

식 ㉒의 우변의 세제곱근 내부의 제곱근인 곳을 처리하면,

$$\theta = \frac{\alpha\beta\gamma}{2} \pm \frac{i}{6\sqrt{3}}(\alpha-\beta)(\beta-\gamma)(\gamma-\alpha)$$

라 쓸 수 있다(제곱근을 택하는 방법에 따라 + 또는 − 가 된다). 그리스 문자 θ는 '세타'라고 읽는다. 이제, 사상 φ를 α를 β로, β를 γ로, γ를 α로 하는 '해 바꾸기'인 자기 일대일 사상이라 하자.

$$\varphi : \alpha \to \beta,\ \beta \to \gamma,\ \gamma \to \alpha$$

가 자기 일대일 사상에서 해를 바꿔 넣었을 때의 θ의 값을 적는 것으로 하고, 그것을 계산한다.

$$\varphi(\theta) = \frac{\beta\gamma\alpha}{2} \pm \frac{i}{6\sqrt{3}}(\beta-\gamma)(\gamma-\alpha)(\alpha-\beta)$$

가 된다(그림 5-3).

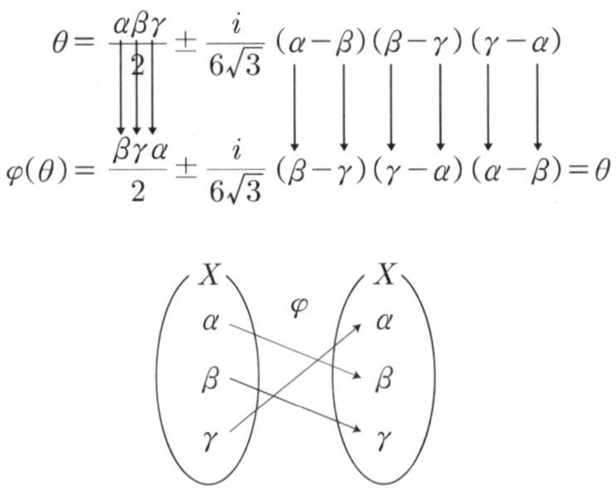

그림 5-3

이 그림을 잘 보면, 해를 차례차례로 바꿔 넣은 것은 결과적으로 θ와 똑같은 값이 된다. 즉

$$\varphi(\theta)=\theta$$

라는 것이다.

한편, 식 ㉓

$$u=\frac{1}{3}\alpha+\frac{1}{3}\omega^2\beta+\frac{1}{3}\omega\gamma$$

에 사상 φ를 시행해보자.

$$\varphi(u)=\frac{1}{3}\beta+\frac{1}{3}\omega^2\gamma+\frac{1}{3}\omega\alpha$$

가 되는데, 이것은 $\omega^3=1$ 임에 유의하면

$$\varphi(u)=\omega\left(\frac{1}{3}\alpha+\frac{1}{3}\omega^2\beta+\frac{1}{3}\omega\gamma\right)=\omega u$$

임을 알 수 있다. 즉, u에 사상 φ를 시행하면 ω배가 됨이 판명되었다. 이것으로부터

$$\varphi(u^3)=(\omega u)^3=\omega^3u^3=u^3$$

임을 알 수 있다.

또 이러한 u^3은 계수 A, B의 다항식에 제곱근을 붙인 꼴의 수, 즉 θ와 같은 수로 나타낼 수 있음이 증명되었다(자세한 것은 참고문헌 [5], [6]을 참조하라). 이것은 18~19세기에 활약한 수학자 라그랑주(Lagrange)가 발견했다. 이 발견을 일반화한 사람은 19세기 프랑스 수학자 갈루아이다. 갈루아는 이 일반화를 19세에 발견하고,

'5차 이상의 방정식에는 근의 공식이 존재하지 않는다'는 것을 증명했다. 이것은 300년 이상이나 미해결 문제였다.

이를 다른 각도에서 살펴보자.

해 α, β, γ를 바꿔 넣는 자기 일대일 사상은 전부 여섯 가지이다(80쪽에서 해설한 것과 같다).

$$\varphi_1 : \alpha \to \alpha,\ \beta \to \beta,\ \gamma \to \gamma$$

$$\varphi_2 : \alpha \to \beta,\ \beta \to \gamma,\ \gamma \to \alpha$$ (110쪽에서 φ라 쓴 것)

$$\varphi_3 : \alpha \to \gamma,\ \beta \to \alpha,\ \gamma \to \beta$$

$$\varphi_4 : \alpha \to \beta,\ \beta \to \alpha,\ \gamma \to \gamma$$

$$\varphi_5 : \alpha \to \alpha,\ \beta \to \gamma,\ \gamma \to \beta$$

$$\varphi_6 : \alpha \to \gamma,\ \beta \to \beta,\ \gamma \to \alpha$$

판별식 Δ는 6개의 자기 일대일 사상에서 불변이다. 갈루아 이론으로부터 그러한 수는 계수 A와 B와 유리수로 계산되는 수임을 보일 수 있다.

다음으로, $\{\varphi_1, \varphi_2, \varphi_3\}$는 군을 이룬다. 군의 정의는 82쪽에서 다루었는데, 6개 전부가 아니라 이 3개만으로도 군이 된다(이를 부분군이라 부른다). 이들 자기 일대일 사상에서 u의 내부나 v의 내부는 불변이다. 또 남은 φ_4, φ_5, φ_6에서는 θ 속에 있는 $\pm$를 바꿔 넣는다(u의 내부와 v의 내부를 바꿔 넣는다). 이러한 θ는 계수 A와 B와 제곱근으로 계산할 수 있음을 갈루아 이론으로부터 알 수 있다. 또 $\{\varphi_1, \varphi_2, \varphi_3\}$와 같은 군이 있다면, $\varphi_2(u) = \omega u$가 되는 해에 관련된 일차식 u가 존재함도 보일 수 있다. 이러한 사상이 만드는 군과, 방정식과 관련된 계산의 불변성이나 대칭성으로부터, 근의 공식의 존재·비존재가 정해짐을 갈루아가 발견한 것이다. 물론 이것을 엄밀하게 증명하기 위해서는 책 한 권 정도의 분량이 필요하다(참고문헌 [4], [5], [6]을 참조하라).

방정식과 대칭성

지금까지 여러 가지 복잡한 계산을 거치는 설명을 했으므로 이제 직관적으로 정리해보자.

이차방정식과 삼차방정식에는 근의 공식이 있다. 설명하지 않았지만 사차방정식에도 근의 공식이 있다. 이들 근의 공식은 판별식과 깊이 관련되어 있다. 그리고 판별식은 해에 관한 어떤 종류의 대칭성을 가지고 있다.

무릇, 근의 공식이 존재하기 위해서는 해에 관해서 대칭인 계산을 하지 않으면 안 된다. 왜냐하면 원래 해라는 것은 갑을(甲乙)이라 이름을 붙여서 구별할 수 없으며, 대수적으로는 아주 꼭 닮은 존재이기 때문이다.

그러므로 근의 공식에는 '해를 바꿔 넣더라도 보존되도록 하는 계산이다'는 것과 '제곱근이나 세제곱근 등의 거듭제곱근이 풀려서 일차식이 된다'는 것, 두 가지 조건이 잘 이용된다. 이것이 가능할지 불가능할지는 해를 바꿔 넣는 자기 일대일 사상이 만드는 군의 본성과 깊게 관련되어 있다.

갈루아는 이를 직관적으로 이해했고, 5차 이상이 되면 불가능함을 증명하는 데 성공했다. 이것은 단순히 근의 공식에 관한 문제를 해결했다는 데 그치지 않고, 수 세계의 심오한 성질을 찾아내기 위해서는 군이라는 개념이 강력한 무기가 된다는 사실을 가르쳐주었다. 20세기, 21세기의 수학은 '군론적인 견해'에 의해 넓은 식견을 얻고 있는 것이다.

정수와 다항식은 같다

6

다항식의 계산은 중학교에서 일부를 배우지만 주로 고등학교에서 배운다. 많은 고등학교 학생들은 왜 이런 복잡한 계산을 배워야 하는지 의문스러울 것이다. 일상생활에 도움이 되지 않을 뿐만 아니라 대학 입시에서조차 큰 유용성이 없기 때문이다.

확실히 고등학교 교육과정에서 다항식의 계산은 단순한 계산규칙의 연습에 지나지 않는다. 그러나 첨단 수학의 입장에서 보면 완전히 결론이 역전된다. 다항식의 세계는 현대 수학에서는 매우 중요한 개념이다. 한 마디로 말해, 다항식이 만드는 세계는 정수의 세계의 성질을 탐색하는 데 시사하는 바가 매우 크다. 좀 더 자세히 말하면, 1변수 다항식의 세계는 정수와 꼭 닮은 면이 있고, 2변수 이상의 다항식의 세계에서는 정수의 세계를 일반화한 더 풍부한 성질을 제공한다는 것이다.

다항식의 사칙연산

x를 변수로 하는 1변수 다항식의 계산은 중학교에서 일부 배우지만, 기본적인 것은 고등학교에서 배운다. 여기서 x를 변수로 하는 1변수 다항식으로서, 계수가 분수(유리수)인 것도 인정하기로 하고, 이 장에서는 이들을 **다항식**이라 부르기로 하자. 다항식에 대해서 중요한 사실은 다음 두 가지이다.

다항식의 성질

* 덧셈, 뺄셈, 곱셈을 할 수 있다.

* 나눗셈에 의해 몫과 나머지를 구할 수 있다.

첫 번째 성질 중 덧셈, 뺄셈, 곱셈은 교과서적으로는 '식의 정리' 라는 것이다. 특히 곱셈은 '식의 전개'라 불리는 기술이다. 이것은 소위 분배법칙을 구사하면 된다. 간단한 예를 들면 다음과 같다.

$$
\begin{aligned}
&(3x^2+x+2)(x+5)\\
&\quad=(3x^2+x+2)x+(3x^2+x+2)5\\
&\quad=(3x^3+x^2+2x)+(15x^2+5x+10)\\
&\quad=3x^3+16x^2+7x+10
\end{aligned}
$$

덧셈, 뺄셈, 곱셈에 비해, 나눗셈은 다소 힘든 계산이 된다. 정수에 대해서 나눗셈을 배웠던 때와 똑같은 어려움을 동반하기 때문이다. 예를 들어, $13 \div 3$은 두 가지 방법으로 풀 수 있다. 먼저 초등학교 3학년 교육과정에서는, $13 \div 3$의 결과를 '몫 4, 나머지 1'이라 배운다. 이것은 정수의 범위에서 몫을 구하는 나눗셈이다. 다음으로 초등학교 6학년 교육과정에서는, 결과가 '분수 $\frac{13}{3}$'이라 배운다. 이것은 분수(유리수)라는 새로운 수 세계에서 몫을 구한 것이다.

다항식을 배울 때도 이와 같은 과정으로 나뉘는데, 다음에서는 '나누어서 몫과 나머지를 구하는' 계산만 설명한다.

다항식의 나눗셈

$13 \div 3$은 '13에서 3을 뺄 수 있는 만큼 많이 뺀다'는 계산을 의미한다. 바꾸어 말하면, '3의 배수 중 13에 가장 가까운 수를 찾는' 것이다. 그것은 $3 \times 4 = 12$이다. 즉, '13에서는 3을 4번까지 뺄 수 있으며, 그 결과 나머지는 1'이라는 것이다. 이것으로 '몫이 4, 나

머지는 1'이라는 결과를 얻는다(그림 6-1).

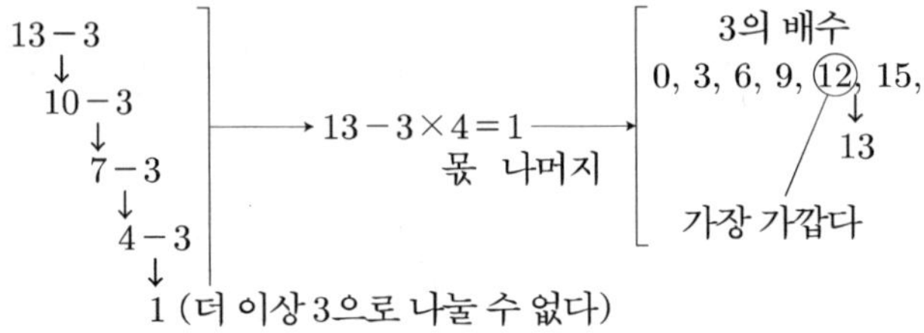

그림 6-1

다항식도 이렇게 풀 수 있다.

즉, 다항식 A와 B가 있을 때, B를 A로 나눈 몫과 나머지는 'B에서 A의 배수 중 B에 가장 가까운 것을 뺀다'는 것이다. 즉, '다항식 A에 다항식 Q를 곱해서 만들어지는 A의 배수 AQ 중에서 B에 가장 가까운 것을 뺀다'이다.

문제는 '가장 가깝다'라는 것을 어떻게 정의하는가이다. 정수에서는 '대소관계'가 있으므로 차가 0에 가장 가까운 것이면 된다. 다항식의 경우는 어떻게 생각하면 좋을까?

다항식의 경우는 '차수(나타나는 x^k에서 가장 큰 k)'를 '대소관계' 대신에 사용하기로 하자. 다항식 F와 G의 '가까움'을 뺄셈한 다항식 $(F-G)$가 몇 차식이 되는지, 그 '차수'로 결정하는 것이다. 예를 들어, 그림 6-2를 살펴보자.

4차 이상의 항이 일치

$$F = x^5 + 3x^4 - 2x^3 + x^2 + 4x - 5$$
$$G = x^5 + 3x^4 - 4x^3 + 2x^2 + 4x - 7$$
$$F = x^5 + 3x^4 - 2x^3 + x^2 + 4x - 5$$
$$H = x^5 + 3x^4 - 2x^3 + 3x^2 + 2x - 5$$

3차 이상의 항이 일치

H가 G보다 F에 가깝다

그림 6-2

F와 G는 4차 이상의 항이 전부 일치하고 있으며, F와 H는 3차 이상의 항이 전부 일치하고 있다. 따라서 일치하고 있는 부분이 많은 H가 G보다 F에 가깝다고 볼 수 있다. 이것은 $(F-G)$가 3차식, $(F-H)$가 2차식이므로 차의 다항식의 차수가 낮은 쪽이 가깝다고 할 수도 있다.

즉, 다음과 같이 **다항식의 가까움**을 정의하면 된다.

> **다항식의 가까움**
>
> 다항식 H가 다항식 G보다 다항식 F에 가깝다
> $\Leftrightarrow$ $(F-G)$의 차수 $>$ $(F-H)$의 차수

이것을 이용하면 정수와 마찬가지로 다항식에서도 '나누어서 나머지를 구한다'는 계산을 정의할 수 있다.

다항식의 나눗셈의 기본정리

A, B는 다항식이고 A는 0이 아니라고 하자. 이때, A의 배수 AF 안에는 B에 가장 가까운 것이 유일하게 존재한다. 또 이 F를 Q라 하면, $B-AQ=R$의 차수는 A의 차수 미만이다. 이 Q, R을 각각 B를 A로 나눈 몫, 나머지라 부른다.

이 '다항식의 나눗셈의 기본정리'의 증명은 구체적인 예로부터 이해하는 것이 편하다. B를 4차식

$$B=3x^4+x^3-4x^2+2x-5$$

라 하고, A를 2차식

$$A=x^2+2x-1$$

이라 하고, 실제로 B에 가장 가까운 A의 배수를 찾아보자. 그림 6-3을 보면서 읽으면 된다.

A의 배수이면서 가능한 한 B에 가까운 것을 찾고 싶으므로 일단 A에 (상수)$\times x^k$를 곱해서 배수를 만들고, B와 4차항이 일치하는 것을 만든다. 그것은 분명히 $F_1=3x^2$을 곱하면 얻어진다. 실제로

$$AF_1=(x^2+2x-1)(3x^2)=3x^4+6x^3-3x^2$$

은 B와 4차항이 일치하고,

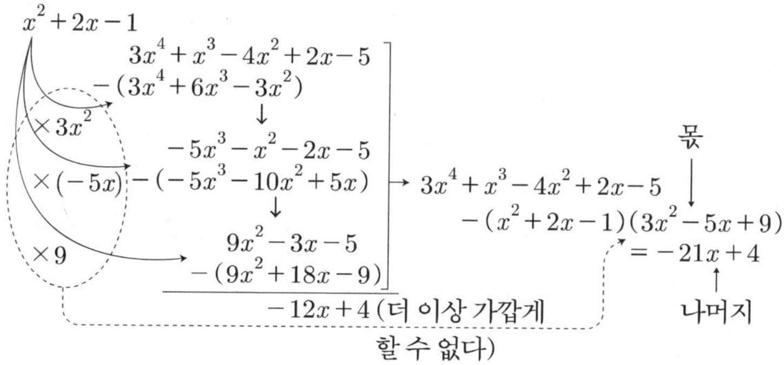

그림 6-3

$$B-AF_1=-5x^3-x^2+2x-5$$

가 되어, 차가 3차식이 되었다. B에 더 가까운 A의 배수를 찾기 위해서 A의 배수 AF_2에서 $B-AF_1$에 가까운 것을 찾아보자.

$F_2=-5x$라 하면, 3차항이 없어지고

$$(B-AF_1)-AF_2=9x^2-3x-5$$

가 되어 차는 2차식이 된다. 즉, $A(F_1+F_2)$는 AF_1보다 B에 가까운 다항식이 된다.

보다 더 가까운 다항식은 $F_3=9$를 A에 곱해서 뺄셈을 하여 얻을 수 있다.

$$\{(B-AF_1)-AF_2\}-AF_3=-21x+4$$

이고, 차가 1차식이 되기 때문이다. 즉,

$$A(F_1+F_2+F_3)=(x^2+2x-1)(3x^2-5x+9)$$

가 B와의 차가 1차식이 되는 A의 배수임을 알았다. 이것이 한계로, 이것보다 B에 가까운 A의 배수는 존재하지 않음은 다음과 같이 알 수 있다.

만일 A의 배수 AG가 $A(F_1+F_2+F_3)$보다 B에 가깝거나, 같은 정도로 가깝다고 하자. 이것은 $B-AG$가 1차식이거나 그 미만의 차수라는 의미이다. 그러면

$$B-A(F_1+F_2+F_3)$$

가 1차식이었으므로 그 차

$$\{B-A(F_1+F_2+F_3)\}-(B-AG)$$
$$=AG-A(F_1+F_2+F_3)$$

도 1차식이거나 그 미만의 차수이다. 그러나 이것은

$$A\{G-(F_1+F_2+F_3)\}$$

이라 곱으로 적을 수 있으므로 2차식 A의 배수이다.

한편, 2차식 A의 배수는 0을 곱한 $A\times 0=0$이 아닌 한, 반드시 2차 이상의 다항식이 된다. 그러므로 A의 배수가 1차식이거나 그 미만의 차수가 되기 위해서는 곱한 식이 0이 되지 않으면 안 된다. 즉, $G-(F_1+F_2+F_3)=0$이다. 이것은 $G=(F_1+F_2+F_3)$를 의미하며, 결국 G는 방금 찾은 $F_1+F_2+F_3$과 일치한다. 이렇게 해서 A의 배수이고, B와의 차가 A의 차수 미만이 되는 것은 단 하나로 정해짐을 보였다. 그래서 $B-AF$라는 다항식에서 가장 차수가 낮은 것의 차수는 A의 차수 미만임도 알 수 있다.

구체적으로는

$$B-A(3x^2-5x+9)=-21x+4$$

이다. 이때 $3x^2-5x+9$를 몫, $-21x+4$를 나머지라 부른다.

다항식과 정수는 비슷하다

정수의 집합도, 다항식의 집합도 덧셈, 뺄셈, 곱셈을 할 수 있으므로 가환환(6쪽)이라 불리는 대수계가 된다. 게다가 다항식 사이에도 정수와 마찬가지로 '나누어서 몫과 나머지를 구하는' 계산을 할 수 있으므로 정수와 다항식에는 강한 유사성이 나타난다.

유사성 중 하나는 제1장에서 설명한 아이디얼에 대한 것이다.

아이디얼은 다음 두 가지 성질을 갖춘 부분적인 집합 I임을 상기하자.

아이디얼 I의 정의

* x와 y가 I에 속하면, $x+y$도 $x-y$도 I에 속한다.
* a가 I에 속하면, a의 임의의 배수 xa도 I에 속한다.

환에 따라서 아이디얼은 다양한 유형으로 나타나는데, 정수환의 아이디얼과 다항식환의 아이디얼은 같은 특징을 가진다. 그것은 '임의의 아이디얼은 어떤 하나의 원소 n의 배수의 집합 (n)이 된다'는 것이다.

예를 들어, 정수환의 아이디얼은

$\{1$의 배수$\}=\{$정수 전체$\}$,

$\{$2의 배수$\}$ = $\{$짝수$\}$,
$\{$3의 배수$\}$, $\{$4의 배수$\}$, ⋯ , $\{$0의 배수$\}$ = $\{0\}$

가 됨은 제1장에서 소개했다.

한편, 다항식환의 아이디얼은

$\{$1의 배수$\}$ = $\{$모든 다항식$\}$,
$\{x$ 의 배수$\}$,
$\{2x+1$ 의 배수$\}$,
$\{x^2+x+1$ 의 배수$\}$, ⋯

가 된다. 요컨대 다항식 A 를 고정한 후, $\{$다항식 A 의 배수의 전체$\}$라는 형태의 집합만이 아이디얼이 된다.

왜 그런가 하면 정수환에서도 다항식환에서도 '나누어서 나머지를 구하는' 계산이 가능하기 때문이다. 먼저, 정수환 쪽에서 증명해 보자(이것은 13쪽에서 보류해 둔 증명이다).

정수환의 임의의 아이디얼 I를 잡자. $I=\{0\}$이면, 이것이 '0 의 배수의 집합'임은 자명하므로, I는 0이 아닌 원소를 가진다고 하자. I의 원소를 (-1)배 한 것도 I의 원소이므로, I는 양의 정수를 원소로 가지고 있다. I의 양의 정수인 원소에서 최소인 것을 n이라 하자. 그래서 I의 임의의 원소 b를 잡자. 그리고 b를 n으로 나눈 몫을 q, 나머지를 r이라 하자. 당연히 $b-nq=r$이고, r은 부등식 $0 \le r < n$을 만족한다. 요컨대 나머지는 0 이상 n 미만이다.

이때, r은 I의 원소여야 한다. 왜냐하면 n은 아이디얼 I의 원소이므로 nq도 I의 원소이다. b도 아이디얼 I의 원소이므로 $b-nq$도 아이디얼 I의 원소이다. 그러나 n을 'I의 양의 정수인 원소로서 최소인 것'이라 가정하고 있으므로 $0 \leq r < n$ 에 의해 $r = 0$ 이어야 한다. 즉, $b - nq = 0$ 이므로 $b = nq$ 임을 알 수 있다. 이것은 b 가 n 의 배수임을 의미한다.

다항식환의 아이디얼에 대해서도 완전히 똑같은 증명을 할 수 있다. 위의 증명을 다시 반복하면 되는데, 두 군데는 수정해야 한다. 첫 번째는 'I 의 양의 정수인 원소로서 최소인 것을 n 이라 한다'를 'I 의 원소 중에 0 이 아닌 다항식에서 차수가 최소인 것을 n 이라 한다'로 수정하는 것이고, 두 번째는 'r 은 부등식 $0 \leq r < n$ 을 만족한다'를 'r 은 (r 의 차수) < (n 의 차수)를 만족한다'라고 고치는 것이다. 이후는 완전히 똑같다.

바쉐의 정리

이상과 같이, 정수환과 다항식환은 '나누어서 나머지를 구할 수 있다'는 계산의 공통성에서 아이디얼에 대하여 같은 성질을 가짐을 알았다. 이 아이디얼에 대한 공통성은 더욱 다양한 공통 정리를 만들어내는 원천이 된다. 예를 들어, 고전적인 '바쉐의 정리'라는 것이 공통적으로 얻어진다. 바쉐[1]라는 사람은 17세기경의 프랑스 학자로서 이 정리를 정수의 정리로 소개한 사람이다.

바쉐의 정리에는 정수환판과 다항식환판이 있는데, 먼저 정수판은 다음과 같다.

---

1) Claude-Gaspard Bachet de Méziriac(1581~1638): 1621년 디오판토스의 《산술》을 라틴어로 번역했다.

정수판 바쉐의 정리

A 와 B 를 0이 아닌 임의의 정수라 하자. 정수 S 와 T 를 자유로이 택해서 만들어지는 $AS+BT$ 라는 정수 전체의 집합을 I 라 하자. I 는 A 와 B 의 최대공약수 G 의 배수 전체가 된다.

예를 들어, 6 과 9 의 최대공약수는 3 이므로 (6 의 배수) + (9 의 배수)로 얻어지는 정수는 (3 의 배수) 전체가 된다는 것이다. 또 5 와 8 은 서로소(최대공약수가 1)이므로 (5 의 배수) + (8 의 배수)로 얻어지는 정수는 정수 전체가 된다.

다음으로 다항식판 바쉐의 정리는 다음과 같다.

다항식판 바쉐의 정리

A 와 B 를 0이 아닌 임의의 다항식이라 하자. 다항식 S 와 T 를 자유로이 택해서 만들어지는 $AS+BT$ 라는 형태의 다항식 전체의 집합을 I 라 하자. 이 I 는 A 와 B 의 최대공약 다항식 G 의 배수 전체가 된다.

두 정리의 증명은 동일하고 간단하므로 다항식판으로 설명하겠다.

$AS+BT$ 라는 다항식은 요컨대 (A 의 배수) + (B 의 배수)라는 형태의 다항식 전체인데, 이 집합 I 는 아이디얼이 된다. 그것은 (A 의 배수) + (B 의 배수)라는 형태의 다항식은 더하거나 빼도 같은 형식이며, 임의의 다항식을 곱하더라도 같은 형식임은 변하지 않으므로 아이디얼의 두 조건을 만족하기 때문이다.

다음으로, 집합 I 가 아이디얼이므로 124~125쪽에서 증명한 것으

로부터 I는 어떤 다항식 F의 배수 전체가 됨을 알 수 있다. 즉,

$$I = \{\text{다항식 } F\text{의 배수 전체}\}$$

가 된다. 그러면 다항식 A는 (A의 배수) + (B의 배수)라는 형태의 다항식 가운데 하나((B의 배수) = 0 이라 두면 된다)이므로 A는 아이디얼 I에 속하고, 따라서 A는 F의 배수이다. 마찬가지로 B도 F의 배수임을 알 수 있다. 즉, F는 A와 B를 모두 나누어떨어지는 다항식(공약식)이 된다.

한편, F가 아이디얼 I에 속하므로 (A 배수) + (B의 배수)라는 형태로 쓸 수 있다.

그러면 A와 B를 모두 나누어떨어지는 임의의 다항식은 (A의 배수) + (B의 배수)라는 형태의 다항식 모두를 나누어떨어지게 하므로 F도 나누어떨어져야 한다. 이상에 의해, F는 A와 B를 모두 나누어떨어지고, 또 A와 B를 모두 나누어떨어지는 다항식은 반드시 F를 나누어떨어짐을 알았다. 이것은, F는 A와 B를 모두 나누어떨어지는 다항식 중에서도 차수가 가장 높은 다항식이 아니면 안 된다는 것이다. 즉, F는 A와 B의 최대공약 다항식 G여야 한다. 이것으로 바쉐의 정리의 증명이 끝났다.

abc 예상

다항식과 정수가 비슷하다는 증거로서, 많은 정리는 약간만 변경하면 다항식과 정수에서 공통적으로 성립된다는 점을 들 수 있다. 앞 절에서 설명한 아이디얼에 대한 성질이나 바쉐의 정리가 좋은 예이다.

정수환과 다항식환의 유사성이 강한 것으로부터 정수에서 증명이 어려운 예상을 다항식판의 유사문제에 대해서 증명해보는 방식이 행해지고 있다.

예를 들어, 오랫동안 미해결이었던 **페르마의 예상**(conjecture), 즉 'n이 3 이상의 정수일 때, $a^n + b^n = c^n$을 만족하는 양의 정수 a, b, c는 존재하지 않는다'에 대해서, 생각하는 세계를 다항식으로 바꾸어서 'n이 3 이상의 정수일 때, $a^n + b^n = c^n$을 만족하는 1차 이상의 다항식 a, b, c는 존재하지 않는다'라는 사실이 먼저 증명되었다. 덧붙여서 정수판도 1995년에 증명되었다.

또 정수환에서 오늘날에도 미해결 문제인 리만 예상(이를 설명하려면 지면을 많이 할애해야 하므로 참고문헌 [7], [8]을 참조하라)에 대해서도 다항식환에서의 유사정리는 이미 증명되어 있다.

더욱이 최근 화제가 된 것으로서 'abc 예상'이라는 것이 있다. 다항식판 abc 예상은 1981년에 수학자 스토사즈(Stothers)가 증명했는데, 그 내용은 다음과 같다.

다항식판 abc 예상

A, B, C가 공통인수를 가지지 않는 다항식이고, 또 상수가 아닌 것으로 $A+B=C$를 만족하면, A, B, C 가운데 차수가 최대인 것은 $\mathrm{rad}(ABC)$의 차수 미만이다.

단, 여기서 다항식 F에 대해서 $\mathrm{rad}(F)$라는 것은 F의 다른 기약 인수를 곱한 것을 나타내는 기호이다. 예를 들어,

$$F = x^3(x+2)^2(3x-1)$$

에 대해서는

$$\mathrm{rad}(F) = x(x+2)(3x-1)$$

이 된다.

이것에 대해서 정수판 abc 예상이라는 것이 있는데, 다음과 같다.

정수판 abc 예상

a, b, c 가 서로소인 정수이고, $a+b=c$ 를 만족하는 것이라 하면, a, b, c 가운데 최대의 수는 $\{\mathrm{rad}(abc)\}^2$ 미만이다.

여기서 $\mathrm{rad}(n)$ 이라는 것은 n 의 다른 소인수 모두의 곱을 나타내는 기호이다. 예를 들어,

$$360 = 2^3 \cdot 3^2 \cdot 5$$

에 대해서는

$$\mathrm{rad}(360) = 2 \cdot 3 \cdot 5 = 30$$

이다.

잘 관찰해보면, 다항식판과 정수판이 아주 유사함을 알 수 있을 것이다. 이 정수판 abc 예상은 현재도 미해결이지만, 실은 이 정수판 abc 예상은 다소 변형한 예상(스피로 예상, Szpiro's conjecture)이라는 것이 있어 모치츠기 신이치[2] 교수가 2013년에 그것을 증명하였다고 발표해 세상을 떠들썩하게 하였다. 전문가에 의한 판정에

2) 望月新一(1969~): 일본의 수학자이자 교토대학 수리해석학연구소의 교수로, 전공은 수론기하학이다.

는 다소 시간이 걸릴 것인데, 만약 옳다고 하면 21세기 수학의 빛나는 성과 가운데 하나가 될 것임은 의심할 여지가 없다(자세한 내용은 참고문헌 [8] 또는 [1]을 참조하라).

수는 발견되는 것이 아니라 발명된다

지금까지는 정수환과 다항식환의 유사성에 대해서 설명했다. 이제부터는 다항식환에 관련된 다른 이야기를 하기로 하자.

수학에서는 다양한 수가 사용된다. 독자도 학년이 올라감에 따라 새로운 수를 배웠을 것이다.

초등학교에서는 자연수에서 시작하여 분수와 소수로 나아간다. 중학생이 되면 음수를 도입한 정수를 배우고, 제곱근으로 나타낼 수 있는 2차의 무리수가 도입된다. 그 후 고등학교에 진학하면 거듭제곱근, 삼각비, 로그 등의 함수를 사용하여 미지의 무리수가 착착 정의되고, 결국은 허수로 만들어지는 복소수를 배우게 된다.

이들 수는 실제 수학의 역사에서도 수천 년을 거치면서 차례차례 발견되었다. 그러나 그 상황은 19세기에 일변하게 되었다.

그렇다! 19세기에 집합 이론이 창안되고 나서 수는 발견되는 것이 아니라 만들어내는 것이 되었다. 왜 이미 발견되어 있는 수를 다시 만들 필요가 있었던 것일까?

그것은 제곱근이나 원주율이나 허수 등은 특정의 수학적 조작 위에서 마치 실재하고 있는 것처럼 다루어 왔지만 그 정의에 애매모호함이 남아 있어서 '그렇게 되어야 한다'고 수학자가 생각하는 성질을 유도할 수 없었기 때문이다. 이렇게 '수에 있었으면 좋겠다는 성질'을 키워나가기 위해서는 수를 그에 맞추어 만들어낼 필요가 있었다. 그것을 가능하게 한 것이 19세기의 집합 이론이었다.

아이디얼을 사용한 그룹 나누기

19세기의 수학자 칸토르와 데데킨트가 집합 이론을 구축했다는 것은 제1장에서 설명했다. 칸토르와 데데킨트는 이 집합 이론을 사용하여 **수를 구성하는 방법**을 생각해내었다. 그 후 이 방법은 수학의 기초가 되었다. 여기서는 그중에서 '아이디얼을 사용하여 환을 그룹 나누기 해서 수를 만드는' 기술을 소개하겠다.

환이란 지금까지 몇 번이나 설명해온 것처럼, 가감승이 정의된 수의 집합이다. 정수의 집합이나 다항식의 집합은 대표적인 환이다. 환 R에서 수를 만드는 절차는 다음과 같이 정리할 수 있다.

* 환 R의 원소들을 몇 개의 겹치지 않는 그룹으로 나눌 수 있다.
* 그 위에서 그룹끼리의 가감승을 정의한다.

이러한 절차로 만든 하나하나의 그룹을 '마치 하나하나의 수처럼 간주한다'는 것이다.

환 R을 그룹 나누기를 하기 위해서는 아이디얼을 사용한다.

먼저, 아이디얼 I를 하나 고정한다. 다음으로 환의 원소 a와 b가 같은 그룹에 속한다는 것을 다음과 같이 정의한다.

환의 원소가 같은 그룹에 속한다는 것의 정의

* $b-a$가 아이디얼 I에 속할 때, a와 b는 같은 그룹에 속한다.

이 정의에 맞게, 환을 그룹 나누기하자. 구체적으로는 환의 임의의 원소 a_1을 잡고, 위의 정의에 따라 a_1과 같은 그룹에 속하는 원소를 모아서 집합 R_1을 만든다. 다음으로 이 R_1에 속하지 않는 R의 원소 a_2가 있으므로 그것과 같은 그룹에 속하는 원소를 모아서 R_2를 만든다. R_1에도 R_2에도 속하지 않는 R의 원소가 존재한다면 다시 같은 것을 반복한다. 이렇게 해서 모든 원소가 어느 그룹인가에 속할 때까지 이 조작을 계속한다(그림 6-4).

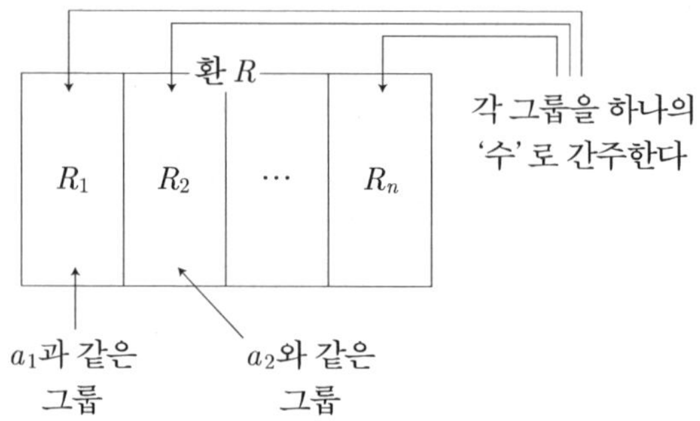

그림 6-4

이렇게 해서 만든 그룹 R_1, R_2, R_3, ⋯ 는 매우 중요한 성질을 가지고 있다. 그것은 '다른 그룹에 공통으로 속하는 원소는 없다', 즉 '그룹은 원소를 중복으로 가지지 않는다'는 성질이다. 이것은 다음과 같이 증명할 수 있다.

만일 a_1과 같은 그룹에 속하는 원소를 모은 집합 R_1과, a_2와 같은 그룹에 속하는 원소를 모은 집합 R_2에 공통원소 b가 있다고 하자. 이 경우, 정의로부터 $b-a_1$은 아이디얼 I에 속하고, $b-a_2$도 아이디얼 I에 속한다. 그러나 그렇게 되면 아이디얼의 정의로부터, 그 차

$$(b-a_1)-(b-a_2)=(a_2-a_1)$$

도 아이디얼 I에 속한다는 것이 성립되지 않으면 안 된다. 이것은 a_1과 a_2가 같은 그룹에 속한다는 의미인데, 이것은 a_2가 a_1과 같은 그룹에 속하지 않는 원소로 선택되었다는 것에 모순이다. 따라서 '그룹은 원소를 중복으로 가지지 않는다'가 성립해야 한다.

이제 이렇게 해서 만든 그룹들

$$R_1,\ R_2,\ R_3,\ \cdots$$

을 각각 '신종의 수'로 간주하고 그들에서 덧셈, 뺄셈, 곱셈을 정의하는데, 이대로는 너무 추상적이므로 구체적인 예로 설명하기로 하자.

3원체를 만든다

최초의 구체적인 예로서, 3개의 수로 이루어지는 환인 3원체 F_3를 만든다. 3원체 F_3는 앞에서 몇 번이나 나왔던 것이다. 3원체 F_3란 3개의 수 [0], [1], [2]만으로 이루어진다. [ ]가 붙어 있는 것으로 통상의 수 0, 1, 2와 구별하고 있다.

이 3원체는 정수를 3주기로 같다고 간주해서 만든 것인데, 이와 똑같은 것을 정수환 R을 3의 배수 전체로 이루어지는 아이디얼 I

로 그룹 나누기 하는 것으로 만들 수 있다.

먼저, 3의 배수를 모은 아이디얼을 (3)이라 쓰는 것은 지금까지와 같다. 그래서 앞에서와 같은 단계로 정수를 그룹 나누기 해보자. 우선, 환의 원소 a_1으로 0을 택한다. 그리고 0과 같은 그룹에 속하는 수를 모은다. 정수 b가 0과 같은 그룹에 속한다고 하는 것은 $b-0$이 3의 배수의 아이디얼 (3)에 속한다는 것이므로, b는 3의 배수이다. 즉, 이러한 b를 모은 R_1은 아이디얼 (3) 자신이다.

다음으로, R_1에 속하지 않는 정수 a_2로 1을 택하자. 1과 같은 그룹에 속하는 정수 b는 $b-1$이 3의 배수가 만드는 아이디얼 (3)에 속한다. 더 자세히 말하면, b는 1+(3의 배수)라는 형태의 수이다. 즉, R_2는 1+(3의 배수)라는 형태의 수를 모은 집합이 된다. 이것을 알기 쉽게 1+(3)으로 표기하기로 하자.

이상에서 3의 배수 (3)도, 1+(3)도 그룹이 되었으므로 어느 쪽에도 속하지 않는 정수 a_3로서 2를 택하자. 2와 같은 그룹에 속하는 정수 b는 $b-2$가 3의 배수가 만드는 아이디얼 (3)에 속하므로 2+(3의 배수)라는 형태의 수가 된다. 따라서 R_3는 2+(3의 배수)라는 형태의 수를 모은 집합이다. 이 집합을 2+(3)이라 쓴다. 결국 정수환 R은 아이디얼 (3)을 사용하여 다음 3개의 그룹으로 나누어졌다(그림 6-5).

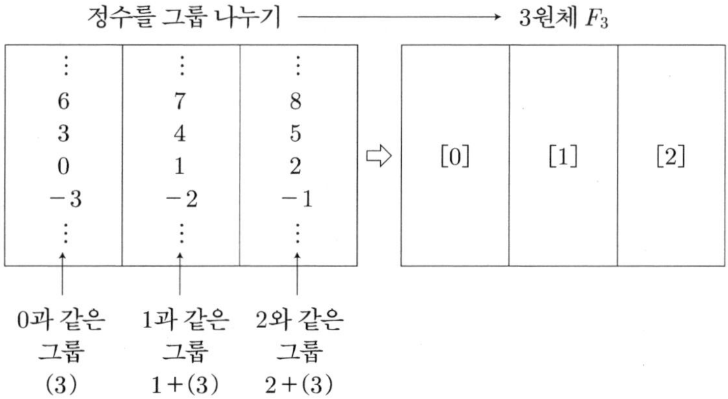

그림 6-5

$$R_1 = (3) = \{\cdots, -6, -3, 0, 3, 6, \cdots\}$$
$$R_2 = 1 + (3) = \{\cdots, -5, -2, 1, 4, 7, \cdots\}$$
$$R_3 = 2 + (3) = \{\cdots, -4, -1, 2, 5, 8, \cdots\}$$

다음 단계로서 이들 그룹끼리에 덧셈, 뺄셈, 곱셈의 계산을 도입한다. 방법은 다음과 같이 아주 간단하다(이하, i, j는 1, 2, 3 중 어느 것이다).

$R_i + R_j$ = {(R_i의 임의의 수) + (R_j의 임의의 수)가 속하는 그룹}

$R_i - R_j$ = {(R_i의 임의의 수) − (R_j의 임의의 수)가 속하는 그룹}

$R_i \times R_j$ = {(R_i의 임의의 수) × (R_j의 임의의 수)가 속하는 그룹}

예를 들어, 그룹 $1+(3)$과 그룹 $2+(3)$의 합은

$$\begin{aligned}(1+(3))+(2+(3)) &= (1+2\text{가 속하는 그룹})\\ &= (3\text{이 속하는 그룹})\\ &= (3) \qquad ①\end{aligned}$$

이 된다. 또 그룹 $2+(3)$과 그룹 $2+(3)$의 곱은

$$\begin{aligned}(2+(3))\times(2+(3)) &= (2\times 2\text{가 속하는 그룹})\\ &= (4\text{가 속하는 그룹})\\ &= 1+(3) \qquad ②\end{aligned}$$

이 된다. 이러한 계산을 도입한 후, 3개의 그룹을 각각 하나의 '수'로 간주하여

$$(3)\rightarrow[0], \quad 1+(3)\rightarrow[1], \quad 2+(3)\rightarrow[2]$$

로 쓰면 멋진 3원체가 완성된다. 실제, 식 ①의 계산은 $[1]+[2]=[0]$을 나타내고, 식 ②의 계산은 $[2]\times[2]=[1]$을 의미한다.

즉, 이렇게 일반적이지 않고 색다른 수 계산은, 집합을 하나의 수로 간주했기 때문에, 비로소 조리 있게 구성할 수 있게 된 것이다.

정합성 확인

여기서 확인해야 할 것은 그룹끼리의 덧셈, 뺄셈, 곱셈을 정의할 때 임의의 수를 택하는데, 이것이 모순을 야기하는지이다. 바꾸어 말하면, 확실하게 이 방법으로 하나의 그룹이 지정되는가의 여부이다(정의가 잘 되어 있음을 전문 용어로 'well-defined'이라 한다).

이것에 대해서 일반적인 환 R과 아이디얼 I에 대해서 확인해 보자.

가장 어려운 곱셈에 대해서만 확인한다.

그룹 R_i과 그룹 R_j의 곱은 각각의 그룹에서 임의의 원소를 택해서 곱하고, 그것이 속하는 그룹이라 정의한다. 이때, 어떤 원소를 택하더라도 같은 그룹이 지정되어야 한다. 먼저 R_i에서 a를, R_j에서 b를 택하고, ab가 속하는 그룹을 생각한다. 다음으로 R_i에서 c를, R_j에서 d를 택하고, cd가 속하는 그룹을 생각한다. 증명하고 싶은 것은 이 ab와 cd가 속하는 그룹이 동일하다는 것이다.

이것은 다음과 같이 증명할 수 있다. c와 a는 같은 그룹 R_i에 속하므로 $a-c$는 아이디얼 I에 속한다. 마찬가지로 $b-d$도 아이디얼 I에 속한다. 아이디얼의 성질로부터 $(a-c)b$와 $(b-d)c$는 모두 아이디얼 I에 속한다. 또한 아이디얼의 성질로부터 $(a-c)b+(b-d)c=ab-cd$도 아이디얼 I에 속한다. 정의에 의해 ab와 cd는 같은 그룹에 속한다는 것이 증명되었다.

$\sqrt{2}$를 만들다

같은 방법으로 2의 양의 제곱근 $\sqrt{2}$를 만들어보자.

제곱근 $\sqrt{2}$는 중학교 3학년 교육과정에서 배운다. $\sqrt{2}$는 분수(유리수)로 나타낼 수 없는 무리수이다. 원주율 π는 초등학생도 배우는데, 이것은 무리수이지만 무리수임이 강조되는 것은 아니므로 처음 배우는 무리수는 $\sqrt{2}$라 생각해도 무방하다.

$\sqrt{2}$라는 수를 발견하고, 그것이 무리수임을 증명한 사람은 기

원전의 그리스 수학자 피타고라스이다. 당시 수학은 종교, 철학, 사상과 분리될 수 없는 것으로, 피타고라스는 종교가이자 사상가였다. 무리수의 존재는 피타고라스의 우주사상과는 상용(相容)될 수 없는 것이었으므로 자신의 사상에서 모순을 발견한, 불행한 역사가 되었다.

무리수는 다양한 제곱근의 형태로 점차 존재감을 키웠지만, 그 연구가 큰 진전을 한 것은 역시 19세기가 되어서부터였다. 원주율 π가 무리수임이 증명된 것도 이때였다.

가장 큰 진전은 칸토르 또는 데데킨트가 실수의 구성에 성공함으로써 주어졌다. 그들에 의해 무리수는 조작가능한 수가 되었다.

$\sqrt{2}$를 '만들어내는' 방법은 몇 가지 있는데, 아이디얼을 이용하는 것이 가장 간단한 방법이다. $\sqrt{2}$가 만족해야 할 모든 대수방정식을 거꾸로 취해서 $\sqrt{2}$를 만들어내는 것이다. 이제 그 방법을 설명해보겠다.

이차방정식

$$x^2 - 2 = 0$$

을 생각하자. 이것은 (그 존재를 전제로 하면) $\sqrt{2}$를 해로 가지는 이차방정식이지만 지금은 $\sqrt{2}$를 '만들어내려고' 하므로 이 방정식에 해가 있는지 없는지는 무시하고 나아가자. 다시 말해서 '이 방정식의 해를 작위적으로 만들어낸다'는 것이다.

이 목적을 위해서 x를 변수로 하는 유리계수의 1변수 다항식환 R과 이차식 x^2-2의 배수가 이루는 아이디얼 $I=(x^2-2)$를 이용한다. 이 아이디얼 I로 R을 그룹 나누기를 하는 것이다. 그룹은 앞에서와 달리 무수하게 생긴다. 어떤 그룹 나누기일까?

이 장의 도입부에서 설명했듯이, 1변수 다항식에는 '나누어서 나머지를 구한다'는 계산을 할 수 있다. 이것으로부터 임의의 1변수 다항식 $f(x)$는 x^2-2의 어떤 배수를 빼면 1차 이하의 다항식이 된다(이것은 나머지이다). 게다가 그러한 1차 이하의 식은 유일하다. 즉,

$$f(x)-(x^2-2\text{의 배수})=ax+b$$

를 만족하는 유일한 1차 이하의 식 $ax+b$가 존재한다($f(x)$를 x^2-2로 나눈 나머지)는 것이다. 이 식을 바꾸어 쓰면

$$\begin{aligned}&f(x)-(ax+b)\\&\quad=(x^2-2\text{의 배수}) \leftarrow \text{아이디얼 } I\text{의 원소}\end{aligned}$$

가 되므로 $f(x)$와 $(ax+b)$가 아이디얼 I에서의 분류에서 같은 그룹에 속함을 알 수 있다. 이것에 의해, 임의의 다항식은 유일한 1차 이하의 식과 같은 그룹이 됨이 증명되었다. 이 그룹을 R_{ax+b}라 쓰기로 하자.

예를 들어, R_{2x}란 다항식 $2x$와 같은 그룹에 속하는 다항식의 집합이다. 즉,

$$f(x)-(2x)=(x^2-2\text{의 배수})$$

가 되는 다항식이다. 예를 들어, x^2+2x-2가 그러하다. x^3도 그러하다. 실제,

$$x^3-2x=x(x^2-2)=(x^2-2\text{의 배수})$$

가 된다. 특별한 경우로 R_5는 5를 다항식으로 간주한 경우에, 다항

식 5와 같은 그룹에 속하는 다항식($5+(x^2-2$의 배수)라는 형태의 다항식)의 집합이 된다. 예를 들어, x^2+3 등이 원소가 된다.

여기서 지금까지 몇 번이나 설명해온 동일시라는 작업을 한다. 그것은 상수 b가 속하는 그룹 R_b를 수 b와 '같은 것으로 간주한다'는 것이다. 예를 들어, 그룹 R_5는 5나 x^2+3 등 무수한 다항식을 포함하는 집합인데, 이것을 단순히 '수 5'와 동일시한다는 것이다.

이 동일시가 수학적으로 정합적(整合的)인 것은 덧셈, 뺄셈, 곱셈에 대해서 통상의 수 계산과 같은 결과가 나오기 때문이다. 예를 들어, 덧셈에 대해서는

$$R_2+R_3=R_5$$

가 된다. 첨자만을 끄집어내면 $2+3=5$로 일반적인 덧셈과 일치하고 있다. 또 곱셈에 대해서는

$$R_2\times R_3=R_6$$

이 되어 첨자만을 끄집어내면 $2\times3=6$으로 일반적인 곱셈과 일치하고 있다. 이들이 성립하는 것은

$$\{b+(x^2-2\text{의 배수})\}+\{c+(x^2-2\text{의 배수})\}$$
$$=(b+c)+(x^2-2\text{의 배수})$$

또는

$$\{b+(x^2-2\text{의 배수})\}\times\{c+(x^2-2\text{의 배수})\}$$
$$=(bc)+(x^2-2\text{의 배수})$$

등이 아이디얼의 성질로부터 자연스럽게 성립한다는 데에서 나온다.

이러한 과정으로

$$\text{그룹 } R_b \rightarrow \text{유리수 } b$$

라는 동일시를 행하면, 아이디얼 I에 의한 분류로 만들어지는 그룹들이 이루는 환이 유리수환과 대수적으로 같은 것을 내부에 포함하고 있다고 간주할 수 있게 된다.

한편, 문자 x가 들어 있는 1차식이 속하는 그룹에서는 재미있는 일이 일어난다.

이제, 1차식 x가 속하는 그룹 R_x를 생각해보자. 이것에 대해서

$$\begin{aligned} R_x \times R_x &= (x \times x \text{가 속하는 그룹}) \\ &= (x^2 \text{이 속하는 그룹}) \end{aligned}$$

으로 정의되었다. 한편, x^2-2는 x^2-2의 배수이므로 x^2-2는 아이디얼 I에 속한다. 즉, x^2과 2는 같은 그룹에 속한다. 결국

$$\begin{aligned} R_x \times R_x &= (x^2 \text{가 속하는 그룹}) \\ &= (2 \text{가 속하는 그룹}) = R_2 \end{aligned}$$

가 된다. 따라서

$$R_x \times R_x = R_2$$

이다. 앞에서의 R_2는 2로 간주할 수 있음을 설명했으므로, R_x는 '2번 곱하면 2가 되는 수'로 간주할 수 있음을 알 수 있다. 이것이야말로 바로 $\sqrt{2}$이다. 이로써 $\sqrt{2}$를 '만들어냈다'(그림 6-6).

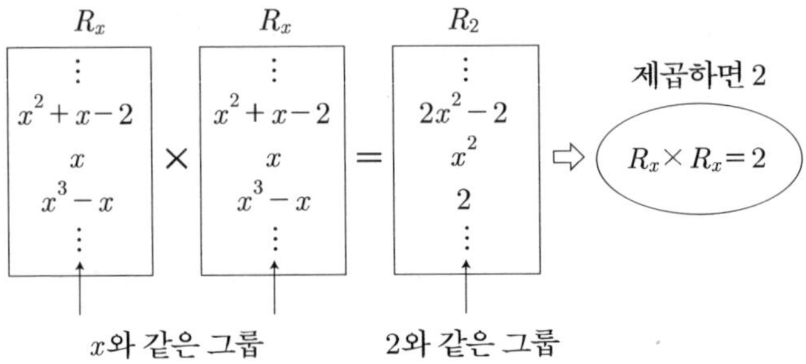

그림 6-6

어떤 대수방정식에도 해는 있다

이상의 기술을 사용하면 어떤 대수방정식도 해가 있음을 알 수 있다. 정확하게 말하면, 어떤 대수방정식도 그것을 해로 가지는 수 세계를 만들어낼 수 있다는 것이다.

구체적인 예로서 대수방정식 $x^2+1=0$의 해를 만들어보자. 이 대수방정식에는 허수 단위가 해임을 92쪽에서 설명했는데, 그때는 '마치 존재하는 것처럼' 다루었음을 상기하자. 여기서는 실재로 해를 만들어내고, 허수 단위 i를 '실재화'할 것이다. 대수방정식 $x^2+1=0$의 해가 포함되는 수 세계를 만들어내는 것이다.

방법은 같다. 유리계수의 다항식환 R을 x^2+1의 배수가 이루는 아이디얼 I로 그룹 나누기를 하자. 이후는 앞의 $\sqrt{2}$일 때와 완전히 같은 원리이다. 1차 다항식 x가 속하는 그룹을 R_x라 하면, $x^2-(-1)$이 x^2+1의 배수인 것으로부터 x^2과 -1이 같은 그룹에 속하며, 그것에 의해

$$R_x \times R_x = R_{-1} = (-1\text{과 동일시되는 그룹})$$

이 된다. 이것은 수 R_x가 제곱하면 -1이 됨을 의미하고 있다. 이것으로 허수 단위라 부르는 수가 창조되었다.

이렇게 하면 어떤 대수방정식에 대해서도 그 해가 존재하는 환을 만들어낼 수 있다. 현대 수학자에게 있어서, 방정식의 해란 어딘가에서 찾아내는 것이 아니라 만들어내는 대상이다. 수뿐만 아니라 어떤 수학적인 소재도 현대 수학자들은 집합을 이용하여 만들어낸다. 그때, '같은 것으로 간주한다'라는 것이 도움이 된다(실수나 자연수의 창조에 관해서는 참고문헌 [9]나 [15]를 참조하라).

도형 속의 소수

7

이 장에서는 '다항식 $=0$'이라는 형태의 방정식의 해로 만들 수 있는 도형에 대해 설명한다. 다항식이 1변수일 경우, 방정식의 해는 수직선 위에 띄엄띄엄 늘어선 점의 집합이 된다. 다항식이 2변수인 경우, 방정식의 해는 좌표평면 위의 도형, 예를 들면 직선이나 포물선이나 원이 된다. 이들 도형은 '대수곡선(이차곡선)'이라 불리며, 중학교와 고등학교에서 배우는 내용이다. 직선이나 원이 방정식의 해로 나타난다고 하는 것 자체도 재미있지만, 사실 현대적인 수학의 입장에서는 더욱 놀랄 만한 사실이 밝혀지게 된다. 여기서도 거듭 '아이디얼'이 나타난다.

대수곡선과 아이디얼과의 관계를 찾으면, 거기에 소수에 대응하는 개념이 부상한다. 이렇게 한없이 퍼져가는 수학에 대한 상상의 나래를 즐기기 바란다.

1변수 다항식의 영점은 점집합

'다항식 $=0$'이라는 형태의 식을 '방정식'이라 하는 것은 제5장에서 설명했다. 그리고 이것을 만족하는 수를 '해'라 했다. 이러한 해는 다항식의 '영점(零点)'이라고도 불린다. 예를 들어,

$$x-3=0$$

이라는 방정식의 해는 $x=3$ 이다. 따라서 일차 다항식 $f(x)=x-3$ 의 영점은 3 이 된다. 바꾸어 말하면, $f(3)=0$ 이라는 것이다. 마찬가지로 이차방정식

$$x^2-4x+3=0$$

에 대해서는 좌변을 $(x-1)(x-3)=0$ 이라 인수분해하면, '곱해서 0 이면 어느 한쪽은 0'이므로(19쪽) 해는 $x=1$ 과 $x=3$ 이라는 것을 알 수 있다. 따라서 이차 다항식 $f(x)=x^2-4x+3$ 의 영점은 1과 3이 된다. 이들 영점은 그림 7-1과 같이 수직선 위의 점으로 나타낼 수 있다. 다항식 $x-3$ 의 영점은 한 점으로 이루어지고, 다항식 x^2-4x+3 의 영점은 두 점으로 이루어진다. 이렇게 변수가 x 인 1변수 다항식의 영점은 수직선 위에 띄엄띄엄 늘어선 점집합이 된다.

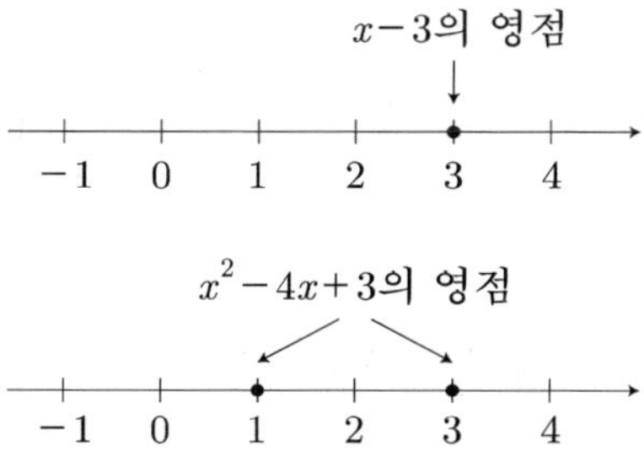

그림 7-1

특수한 예가 2개 있다. 첫 번째는 이차방정식

$$x^2-6x+9=0$$

의 영점이다. 이것은 $(x-3)^2=0$ 으로 인수분해 할 수 있고, 중해(두 해가 겹쳐져 있는 상태)이므로 x^2-6x+9 은 이차식임에도 불구하고 영점은 $x=3$ 한 점으로만 이루어진다.

두 번째 특수한 예는 이차방정식

$$x^2+1=0$$

이다. 이것은 제5장에서 설명했듯이 허수해 $x=i$와 $x=-i$가 되므로 실수 범위에서는 해를 가지지 않는다. 따라서 수직선 위에 영점을 가지지 않게 된다. 즉, 수직선 위의 영점은 공집합이다. 제5장이나 제6장에서 설명한 복소수 범위에서는 해를 가지며, 가로축으로 실수축을, 세로축으로 허수축을 가지는 **복소평면**이라 불리는 평면에서 그림 7-2와 같이 2개의 영점은 허수축 위의 점으로 찍힌다. 이 장에서는 이러한 복소평면은 생각하지 않고, 실수만을 다루기로 한다(복소평면은 이 장의 후반부에 나오는 단순한 좌표평면과 다른 것임에 주의하라).

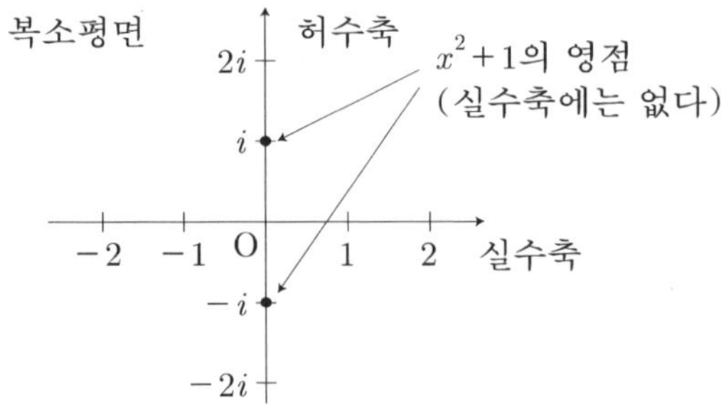

그림 7-2

영점의 집합을 다루기 쉽게 하기 위해서 여기서 새로운 기호를 도입하자.

다항식 $f(x)$의 영점의 집합을 $V(f(x))$라는 기호로 쓰자. 지금까지의 예에서 말하면,

$$V(x-3)=\{3\}$$
$$V(x^2-4x+3)=\{1,\ 3\}$$
$$V(x^2-6x+9)=\{3\}$$

$$V(x^2+1)=\phi \quad (\phi\text{는 공집합 기호이다.})$$

가 된다. 이러한 집합(이 경우는 다항식의 해를 배열한 수직선 위의 점집합)을 **대수적 집합**이라 부른다.

대수적 집합은 복수의 다항식에 대해서도 정의할 수 있다. 그들 복수의 다항식 모두에 공통되는 영점을 나타내는 것이라 정의된다. 예를 들어, 다항식 $f(x)$와 $g(x)$의 공통인 영점의 집합을 $V(f(x), g(x))$라는 기호로 나타낸다. 구체적인 예를 들면, 이차 다항식 x^2-4x+3의 영점은 1과 3이고, 이차 다항식 x^2-5x+6의 영점은 2와 3이므로 2개의 다항식 x^2-4x+3과 x^2-5x+6으로 만들어지는 대수적 집합은 양쪽의 공통영점인 3이 되며, 이것을 기호로

$$V(x^2-4x+3,\ x^2-5x+6)=\{3\}$$

과 같이 쓴다.

점집합에서 다항식을 재현한다

1변수 다항식 $f(x)$의 영점은 유한개의 점이다. n차 다항식의 영점은 최대로 n개라고 증명되어 있기 때문이다. 따라서 복수의 1변수 다항식의 공통영점의 집합도 유한개의 점으로 이루어진다. 역으로, 유한개의 점을 주면 그들을 정확하게 영점집합으로 하는 다항식이 존재한다. 예를 들어, 0, 1, 3을 영점으로 하는 다항식의 예로서

$$f(x)=x(x-1)(x-3)=x^3-4x^2+3x$$

를 들 수 있다. $x(x-1)(x-3)=0$을 만족하기 위해서는 곱셈하고

있는 세 항 중 하나를 0으로 하지 않으면 안 되므로 영점은 0이든지 1이든지 3으로 한정되기 때문이다. 그러므로

$$V(x^3-4x^2+3x)=\{0,\ 1,\ 3\}$$

이 된다. 즉, 1변수 다항식의 경우, 수직선 위의 유한개의 점집합은 반드시 대수적 집합이 된다.

다음 단계로서, 유한개의 점집합인 어떤 대수적 집합이 주어졌을 때, 그것을 영점으로 가지는 다항식을 재현한다고 생각해보자.

최초의 예로서 다항식 $x-3$의 영점으로 만들어지는 대수적 집합

$$V(x-3)=\{3\}$$

을 생각하자. 이 점집합 $W=\{3\}$에 대해서 W의 점을 영점으로 가지는 다항식 모두를 구해보자. 분명히 $x-3$은 그중 하나이지만 그 외에도 많이 있다. 예를 들면, 앞 절에서 설명했듯이 x^2-4x+3도 x^2-6x+9도 x^2-5x+6도 W의 점($x=3$)을 영점으로 가지는 다항식이다. 이러한 다항식의 전체, 즉

$$\{W\text{의 점을 영점으로 가지는 다항식 } f(x)\}$$

는 어떤 집합이 되는지의 문제이다.

아이디얼의 재등장

이 집합을 구체적으로 구하기 전에, 이 집합이 1변수 다항식이 만드는 가환환 R(가감승이 정의된 대수계) 안에서 아이디얼을 이룬다는 것을 먼저 증명하자.

가환환 R의 부분적인 집합 I가 아이디얼임을 체크하기 위해서는 다음 두 조건을 확인하면 된다.

* a와 b가 I에 속하면 $a+b$도 $a-b$도 I에 속한다.
* a가 I에 속하면, 환 R의 임의의 원소 c에 관해서 ca도 I에 속한다.

이제, $x=3$을 영점으로 가지는 다항식 $f(x)$ 전체의 집합이 위의 두 조건을 만족함을 보이자.

먼저 $f(x)$와 $g(x)$가 모두 $x=3$을 영점으로 하면

$$f(3)=0 \text{ 및 } g(3)=0$$

이다. 그러므로

$$f(3)+g(3)=0 \text{ 및 } f(3)-g(3)=0$$

이 얻어진다. 이것은 다항식 $f(x)+g(x)$도 다항식 $f(x)-g(x)$도 $x=3$을 영점으로 가진다는 것을 보여준다.

더욱이 임의의 다항식 $h(x)$를 $f(x)$에 곱한 $h(x)f(x)$도 3을 대입하면

$$h(3)f(3)=h(3)\times 0=0$$

이 되므로 $h(x)f(x)$도 역시 $x=3$을 영점으로 가진다. 이것으로 아이디얼임을 확인할 수 있다.

제6장의 124쪽에서 증명한 것처럼, 1변수 다항식환에서 아이디얼은 반드시 어떤 다항식 $p(x)$의 배수 전체가 된다. 따라서 $x=3$

을 영점으로 가지는 다항식 $f(x)$ 전체도 무엇인가 한 다항식의 전체여야 한다.

그런데 이 아이디얼은 1차식 $x-3$을 원소로 가진다($x-3$은 3을 영점으로 가지므로 당연하다). 따라서 1차식 $x-3$은 이 $p(x)$의 배수여야 하므로, $p(x)$는 상수 α이든지 (상수)$\times(x-3)$ 형태 중 하나이다. 상수 α라고 하면 3을 영점으로 가지기 위해서는 $\alpha=0$이어야 하고 구하는 집합은 $\{0\}$이 되므로 안 된다. 따라서 다항식 $p(x)$의 배수는 반드시 다항식 $(x-3)$의 배수임을 알 수 있다. 한편, 다항식 $(x-3)$의 배수(다항식$\times(x-3)$이라 쓸 수 있는 다항식)는 반드시 $x=3$을 영점으로 가진다. 이상으로부터 구하려고 하는 '$x=3$을 영점으로 가지는 다항식 $f(x)$의 전체'라는 것은 결국 '다항식 $(x-3)$의 배수 전체'라는 것을 알 수 있다.

실제로 x^2-4x+3, x^2-6x+9, x^2-5x+6 모두 $x-3$의 배수이다. 즉 구하고 있는 아이디얼은

$$\begin{aligned}&\{3\text{을 영점으로 가지는 다항식 } f(x)\text{의 전체}\}\\&\quad=\{(x-3)\text{의 배수 전체}\}\\&\quad=\{h(x)(x-3)\text{이 되는 다항식 전체}\}\end{aligned}$$

라는 것이다.

대수적 집합 W의 모든 점을 영점으로 가지는 다항식 전체를 전문적으로 $I(W)$라는 기호로 쓴다. 아이디얼이 되므로 $I(\ )$라는 기호를 사용하고 있다. 이번의 예로는 $W=\{3\}$이므로

$$I(\{3\})=\{h(x)(x-3)\text{이 되는 다항식 전체}\}$$

라는 것이 된다(그림 7-3).

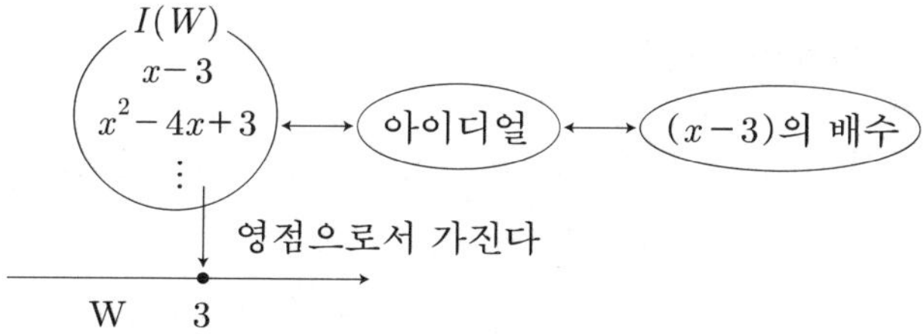

그림 7-3

위의 $x=3$의 논의는 일반화할 수 있다.

수 α의 한 점만으로 이루어지는 대수적 집합 $W=\{\alpha\}$를 생각하고, W의 점을 영점으로 가지는 다항식 전체의 집합을 생각하자. 이번 논의에서 알 수 있듯이, 이 아이디얼 $I(W)$는 다항식 $(x-\alpha)$의 배수 전체가 만드는 집합이 된다. 즉, 다항식 $f(x)$에 대해서 '$f(a)=0$을 만족하는 것'과 '$f(x)=(x-a)h(x)$로 인수분해 할 수 있다'는 것은 동치임을 알 수 있다(이것은 이미 91쪽과 103쪽에서 활용하고 있다). 이것은 고등학교에서는 '인수정리'라는 이름으로 배우는 유명한 정리이다. 이처럼 인수정리를 현대적인 관점으로 서술한 것이 아이디얼 $I(W)$이다.

이것은 W가 몇 개의 점으로 이루어지는 점집합이더라도 마찬가지임을 유추할 수 있다. 몇 개의 다항식의 집합 $S=\{f, g, \cdots\}$의 공통영점을 모아 만들어지는 대수적 집합 W(이것은 앞 절에서는 $W=V(f, g, \cdots)$라 정의했다)가 있어, 그 W를 영점으로 포함하는 다항식 전체 $I(W)$를 만들면, 그것은 본래의 $S=\{f, g, \cdots\}$를 포함하는 보다 큰 집합이 된다. 이 집합 $I(W)$는 반드시 아이디얼을 형성한다. 이것으로부터도 아이디얼이 수학에서 얼마나 중요한 역할을 하고 있는지 알 수 있다.

포화한 연립방정식

앞 절에서 대수적 집합 W라는 점집합을 영점으로 포함하는 다항식을 모두 모아서 $I(W)$를 만들면, 그것은 W를 정의한 몇 개의 다항식을 포함하는 보다 큰 집합이며, 또한 아이디얼이 됨을 설명했다. 다음으로 이것이 어느 정도 큰 것인지를 생각해보기로 하자. 이를 위해서 다항식의 아이디얼 $I(W)$에 속하는 모든 다항식의 공통영점이 되는 점을 조사하기로 한다.

이것도 구체적인 예를 가지고 생각하자.

먼저 앞의 예 $W=\{3\}$이라 하자. 이것은 예를 들면 다항식 $x-3$의 영점으로 주어진다. 즉,

$$V(x-3)=W$$

이다. 이 W에 대해서 W의 점을 영점으로 포함하는 다항식의 집합은 앞에서 구한 것처럼

$$I(\{3\})=\{h(x)(x-3)\text{ 이 되는 다항식 전체}\}$$

였다.

여기서 $h(x)(x-3)$이라는 형태로 쓸 수 있는 다항식은 무한히 있는데, 이 공통영점은 무엇일까? $I(\{3\})$에는 $x-3$이 원소로서 포함되고, 그 영점은 $x=3$뿐이므로, $I(\{3\})$에 속하는 모든 다항식의 공통영점은 3뿐임을 알 수 있다. 즉,

$$V(I(\{3\}))=\{3\}$$

이 된다는 것이다.

마찬가지로 $W=\{1,\ 3\}$ 인 경우를 생각해보자.

$I(\{1,\ 3\})$ 은 어떤 아이디얼일까? 바로 다음과 같다.

$$I(\{1,\ 3\})=\{h(x)(x-1)(x-3)\text{ 이 되는 다항식 전체}\}$$

즉, $I(\{1,\ 3\})$ 은 $(x-1)(x-3)$ 의 배수가 이루는 아이디얼이라는 것이다. 이것은 다음과 같이 증명할 수 있다. 아이디얼이라는 것은 한 점인 경우와 마찬가지로 증명할 수 있다. 아이디얼이므로 어떤 다항식 $p(x)$ 의 배수여야 한다. 한편, 아이디얼 $I(\{1,\ 3\})$ 은 다항식 $(x-1)(x-3)$ 을 원소로 가지고 있다. 왜냐하면, 이 다항식은 1 과 3 을 영점으로 가지고 있기 때문이다. 그러면 다항식 $p(x)$ 는 다항식

$$(x-1)(x-3)$$

을 나누어떨어져야 한다. 이것은 다음 네 종류뿐이다.

(상수), (상수)$\times(x-1)$,
(상수)$\times(x-3)$, (상수)$\times(x-1)(x-3)$

처음 3개가 1 과 3 양쪽을 영점으로 하기 위해서는 상수가 0 이 되어야 한다. 그러나 이것은 아이디얼이 $\{0\}$ 이 되므로 모순이다. 이것에 의해 $I(\{1,\ 3\})$ 은 $(x-1)(x-3)$ 의 배수가 이루는 이어디얼임이 판명되었다.

다음으로 아이디얼 $I(\{1,\ 3\})$ 에 속하는 다항식 모두에 공통되는 영점을 구하기로 하자. 이것은 기호로 쓰면 $V(I(\{1,\ 3\}))$ 이다.

이제 $I(\{1,\ 3\})$ 은 $(x-1)(x-3)$ 의 배수 전체로 이루어진다는 것을 알았으므로 공통영점은 1 과 3 뿐이고, 다른 수는 포함되지 않음을 알 수 있다. 즉,

$$V(I(\{1,\ 3\})) = \{1,\ 3\}$$

이 된다.

결국 이 두 예에서 대수적 집합 W의 점 모두를 영점으로 가지는 다항식이 만드는 아이디얼 $I(W)$가 있고, 그 아이디얼 $I(W)$에 속하는 다항식 모두의 공통영점은 W 자신이 된다. 이것은 몇 개의 점으로 이루어지는 점집합이더라도 성립함은 쉽게 상상할 수 있다. 위의 두 점인 경우의 논의를 일반화하는 것만으로 충분하다. 요컨대,

$$V(I(W)) = W$$

가 일반적으로 성립한다는 것이다.

이것은 어떤 의미일까? 대수적 집합 W는 몇 개의 다항식의 공통영점으로 정의된다. 그러나 W를 영점으로 가지는 다항식은 그 외에도 많다. 이것을 전부 모으면 무수한 다항식으로 이루어지는 거대한 집합 $I(W)$를 만들 수 있다. $I(W)$에 속하는 다항식을 하나만 선택하면, 그 다항식은 W의 점 전부를 영점으로 가지면서 W 이외의 영점을 가지고 있더라도 상관없다. 그러나 $I(W)$의 모든 다항식의 공통영점이 되는 것은 오직 W뿐이다.

즉, $I(W)$는 점집합 W를 공통영점으로 가지는 다항식들에 대한 보다 더 큰 집합이다. 따라서 W는 $I(W)$의 다항식을 '다항식 $=0$'이라 두고 만든 무한개의 연립방정식의 해로 이해할 수 있다. 이 연립방정식은 '포화방정식 계'라 부른다. $I(W)$는 W를 정의하기 위해서 최대한 크게, 포화(飽和)한 방정식 체계라는 것이다.

대수적 집합 W
→ 그것을 해로 가지는 다항식의 집합 $I(W)$
→ 그들의 공통 해 → W

라는 것이다.

아이디얼에서 출발한다면?

다음으로 영점이 만드는 대수적 집합 W에서 출발하는 것이 아니라, 다항식의 아이디얼 I에서 출발하면 어떻게 될지 생각해보자.

다항식으로 이루어지는 아이디얼 I가 주어졌다고 하자. 그러면 이 I에 속하는 모든 다항식의 공통영점의 집합은 대수적 집합이고, $V(I)$라 표기했다. 이것을 W라 하자. 이 W에 대해서 포화방정식계(系)인 아이디얼 $I(W)$를 만들면 어떻게 될까? 즉, $I(V(I))$는 I로 되돌아올까? 유감스럽게도 그렇게는 되지 않는다. 즉,

다항식의 아이디얼 I
→ 그것의 공통인 해 W
→ 그것을 해로 하는 다항식의 아이디얼 $I(W)$
→ I는 아니다

는 것이다.

그렇게 되지 않는 예로서 아이디얼

$$I=\{x^2-6x+9 \text{ 의 배수 전체}\}$$

를 들 수 있다. 앞 절에서 설명했듯이, x^2-6x+9의 영점은 3뿐이다. 즉,

$$W = V(I) = \{3\}$$

이다. 이 대수적 집합 $W = \{3\}$에 대해서 이것을 영점으로 가지는 다항식이 이루는 아이디얼은

$$I(W) = I(\{3\}) = \{(x-3)\text{의 배수 전체}\}$$

였다. 따라서

$$I(V(I)) = \{(x-3)\text{의 배수 전체}\}$$

이고, 이것은 본래 $I = \{x^2 - 6x + 9\text{의 배수 전체}\}$와 일치하지 않는다.

즉, 아이디얼에서 출발하여 그 공통영점으로서의 대수적 집합을 만들고, 그 대수적 집합을 영점으로 가지는 다항식을 모으면, 본래 아이디얼과는 다른 아이디얼이 된다.

이 아이디얼 $I(V(I))$가 어떤 아이디얼이 되는가는 힐베르트(Hilbert)라는 수학자가 해결했다. 힐베르트는 20세기 최고의 수학자라 불린다. 그는 영점을 복소수 속에 구성할 경우 $I(V(I))$는

$$\{\text{몇 제곱인가 하면 } I\text{에 들어가는 다항식의 집합}\}$$

이라는 아이디얼과 일치함을 증명했다. 이것은 다변수인 경우에도 성립한다. 이 정리는 오늘날 '힐베르트의 영점 정리'라 불리는 유명한 정리이다. 유감스럽게 이 위대한 정리를 증명하기 위해서는 고도의 대수학 지식이 필요하므로 이 책에서는 소개할 수 없다(꼭 알고 싶으면 참고문헌 [13]을 참조하라).

방정식으로 도형을 그린다

이제 2변수 다항식의 영점을 생각해보자. 2변수 다항식이란 예를 들어

$$x-y$$

처럼 변수가 x와 y 2개인 다항식이다. 변수가 2개이므로 $f(x, y) = x-y$처럼 $f(x, y)$라는 기호가 이용된다. 이 다항식 $f(x, y) = x-y$의 영점이라는 것은 $x-y=0$을 만족하는 점 (x, y)의 집합이다. 예를 들어, $(1, 1)$이라든지 $(3, 3)$ 등이 영점의 예이다. 이들 영점을 모두 좌표평면 위에 찍으면, 어떤 도형이 만들어질까? 이것은 중학교 교육과정에서 배운다.

방정식 $x-y=0$을 변형하면, $y=x$라는 일차함수가 되므로 이 일차함수의 그래프가 다항식 $f(x ,y)$의 영점집합이 되며, 그림으로 나타내면 그림 7-4의 직선이 된다. 좀 더 자세하게 말하면, 다항식 $f(x, y)$의 영점은 $(1, 1)$이나 $(3, 3)$ 등 무한히 있는데, 그것들은 전부 이 직선 $y=x$ 위에 배열되어 있으며, 역으로 직선 $y=x$ 위의 점은 모두 영점이라는 것이다.

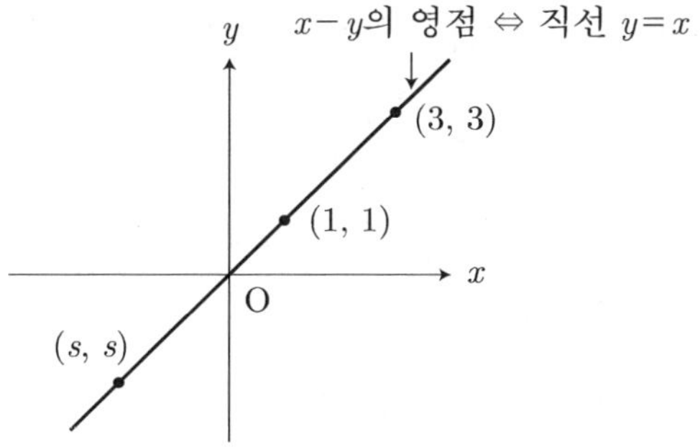

그림 7-4

다음으로 2변수 다항식

$$g(x,\ y) = x^2 - y$$

를 생각하자. 이 다항식 $g(x,\ y) = x^2 - y$의 영점은 방정식 $x^2 - y = 0$을 만족하는 점이며, 예를 들어 $(1,\ 1)$이라든지 $(2,\ 4)$ 등이 예가 된다. 방정식을 변형하면, $y = x^2$이 되고, 이것은 이차함수이므로 영점의 집합은 그림 7-5와 같은 포물선을 그리게 된다.

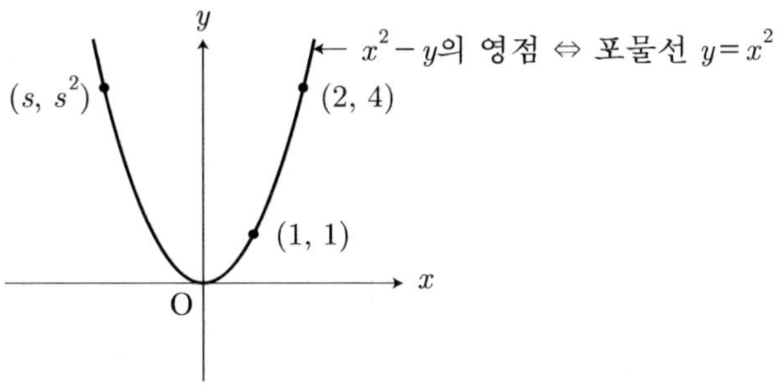

그림 7-5

이처럼 이변수 함수의 영점집합은 좌표평면 위의 곡선을 그린다.

지금까지는 중학교 수준의 내용이었지만, 다음 예부터는 고등학교 수준의 내용이다. 먼저 2변수 다항식

$$h(x,\ y) = x^2 - y^2$$

을 생각해보자. 이 다항식의 영점은 방정식 $x^2 - y^2 = 0$을 만족하는 $(x,\ y)$가 된다. 이 좌변은 인수분해 할 수 있어

$$(x - y)(x + y) = 0$$

이다. 지금까지 자주 사용했던 '곱해서 0 이면 어느 한쪽은 0'인 원리를 이용하면,

$$x - y = 0 \text{ 또는 } x + y = 0$$

임을 알 수 있다. 전자의 그래프는 함수 $y = x$ 의 그래프와 같고, 후자의 그래프는 $y = -x$ 의 그래프와 같게 되므로 다항식 $h(x, y)$ 의 영점은 그림 7-6과 같이 두 직선을 합친 것이 된다.

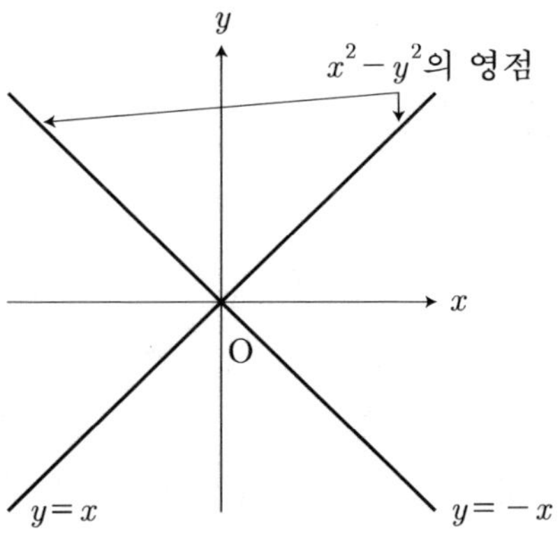

그림 7-6

또 하나 다른 2변수 다항식

$$k(x, y) = x^2 + y^2 - 1$$

의 영점을 생각해 보자. 이 다항식의 영점은 방정식 $x^2 + y^2 = 1$ 을 만족하는 점 (x, y) 의 모임이 된다. 사실 이것은 원점 $(0, 0)$ 을 중심으로 반지름이 1 인 원의 원둘레가 된다. 왜 그런지는 그림 7-7에서 직각삼각형 OAB 에 피타고라스 정리를 사용해보면 알 수 있다.

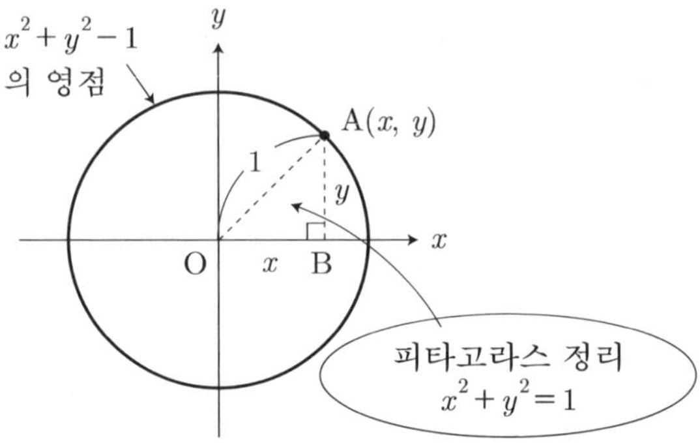

그림 7-7

이처럼 직선이나 원 등의 기하도형을 대수방정식의 영점으로 표현할 수 있게 됨으로써 기하학의 연구는 비약적으로 진보하게 되었다. 기하학은 기원전 그리스 시대에 연구되었지만, 17세기의 수학자 데카르트(Descartes) 이후, 방정식의 해를 분석하여 기하학을 전개하게 된 것이다. 즉, 기하학의 연구는 방정식의 연구로 바뀌게 되었으며, 역으로 방정식을 기하학 속에서 그림으로 나타낼 수 있게 되었다. 이를 통하여 그리스 시대에는 직관이 미치지 못했다는 사실도 증명할 수 있게 되었다.

2변수 다항식으로 만들어지는 대수적 집합

1변수일 때와 마찬가지로, 2변수 다항식들의 공통영점으로 정의되는 도형도 '대수적 집합'이라 부른다. 몇 개의 2변수 다항식의 집합을 S라 할 때, S에 속하는 다항식의 공통영점을 $V(S)$라 쓰자.

예를 들어, 앞 절에서 본 것처럼 다항식 $f(x, y)=x-y$에 대해서는

$$V(f) = [\text{함수 } y = x \text{가 그리는 직선}]$$

이 된다. 또 다항식 $g(x, y) = x^2 - y$에 대해서는

$$V(g) = [\text{함수 } y = x^2 \text{이 그리는 포물선}]$$

이 된다. 또 이 두 다항식으로부터 만들어지는 대수적 집합 $V(f, g)$는 이 두 다항식의 공통영점이므로 $y = x$와 $y = x^2$의 교점의 집합이며, $(0, 0)$과 $(1, 1)$이다. 즉, $V(f, g)$는 두 점으로 이루어지는 집합

$$V(f, g) = \{(0, 0), (1, 1)\}$$

이 된다(그림 7-8).

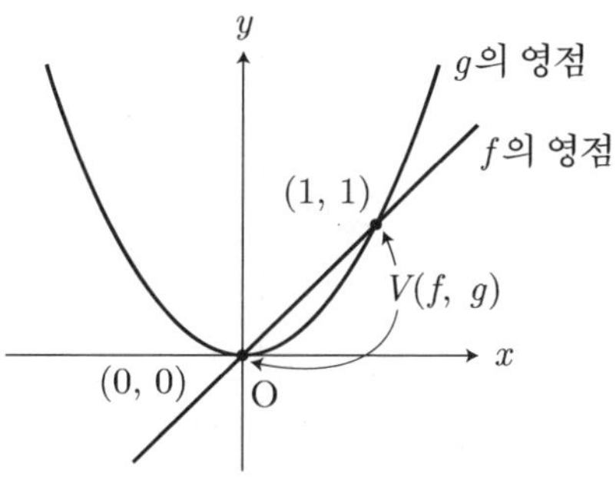

그림 7-8

매우 특수한 경우로서, 다항식 $x - 1$과 다항식 $y - 2$로 만들어지는 대수적 집합을 생각해보자. 다항식 $x - 1$과 다항식 $y - 2$는 변수를 1개만 포함하므로 1변수 다항식처럼 보이지만, 여기에서는 전자를 y항이 보이지 않는 2변수 다항식, 후자를 x항이 보이지 않는 2변수 다항식으로 간주한다. 이때,

$$V(x-1) = \{x-1=0 \text{을 만족하는 점 } (x, y)\}$$
$$= [\text{직선 } x=1]$$

이 된다. 마찬가지로

$$V(y-2) = \{y-2=0 \text{을 만족하는 점 } (x, y)\}$$
$$= [\text{직선 } y=2]$$

가 된다. 따라서 두 직선의 교점이 $(1, 2)$인 것으로부터

$$V(x-1,\ y-2) = \{(1, 2)\}$$

가 된다, 즉, 이 대수적 집합은 한 점으로 이루어진다(그림 7-9).

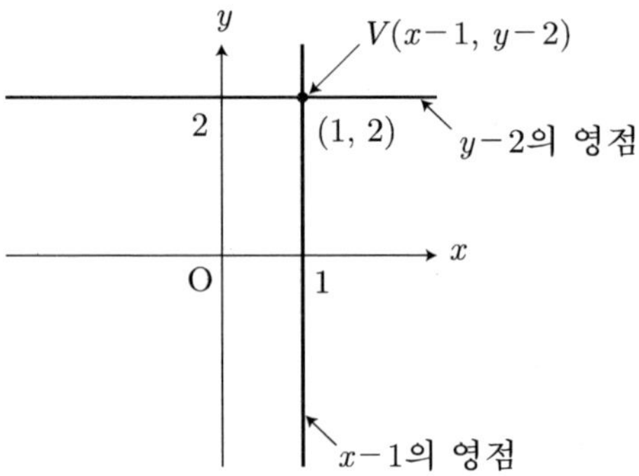

그림 7-9

2변수 다항식으로 만들어지는 대수적 집합 W는 앞에서 서술한 것처럼, 직선이나 포물선이나 원 등의 곡선도형인 경우도 있으며, 그들의 교점의 집합인 경우도 있다. 그런 의미에서 1변수인 경우보다 훨씬 풍부하고 복잡하게 된다.

도형에서 방정식으로 돌아오다

다음으로 생각할 것은 1변수인 경우와 마찬가지로, '대수적 집합이 먼저 주어졌을 때, 그 집합의 점 모두를 영점으로 가지는 다항식은 무엇일까?'라는 문제이다. 대수적 집합 W에 속하는 점을 모두 영점으로 가지는 다항식의 집합을 $I(W)$라는 기호로 쓴 것을 상기하자. $I(W)$가 아이디얼이 되는 것은 2변수이더라도 완전히 똑같다.

몇 개의 대수적 집합 W의 예에 대해서 $I(W)$를 구체적으로 구해보자.

먼저, W를 다항식 $x-y$의 영점으로 이루어지는 영점집합이라 하자. 이것은 그림 7-4의 도형이었다. 이 W에 대해서 $I(W)$를 구해보자.

이 W는 그림에서 보듯이 분명히 임의의 실수 s에 대한 (s, s)라는 점으로 이루어진다. 따라서 구하고 싶은 $I(W)$에 속하는 다항식 $f(x, y)$는 임의의 실수 s에 대해서 $f(s, s)=0$을 만족하는 것이다. 이러한 다항식은 어떤 다항식이 될까?

먼저, 다항식 $(x-y)$의 배수는 모두 $I(W)$에 속함을 확인하자. $(x-y)h(x, y)$라는 형태의 다항식에 점 (s, s)를 대입하면,

$$(s-s)h(s, s)=0\times h(s, s)=0$$

이 되어 점 (s, s)가 이 다항식의 영점이 된다. 사실 $I(W)$에 포함되는 다항식은 $(x-y)$의 배수인 다항식에 한함을 증명할 수 있다.

여기서 120쪽에서 소개한 '다항식의 나눗셈'을 상기하자. 그것은 다음과 같은 정리였다(알기 쉽게 하기 위해 약간 표현을 바꾸었다).

다항식의 나눗셈의 기본원리

A, B는 x의 1변수 다항식이고, A는 0이 아니라고 하자. 이때, A의 배수 AQ 가운데 $B-AQ=R$의 차수가 A의 차수 미만이 되는 것이 유일하게 존재한다.

이때, Q를 'B를 A로 나눈 몫', R을 'B를 A로 나눈 나머지'라 부른다.

이제, $I(W)$에 속하는 임의의 다항식 $f(x, y)$를 취하자. 이 다항식 속의 y를 상수라 간주하고, 다항식 $(x-y)$에 대해서도 y는 상수라 간주하여, x만의 1변수 다항식이라 하고, $f(x, y)$를 $(x-y)$로 나눈 몫을 Q, 나머지를 R이라 하자(그림 7-10에 예를 들어두었다).

y를 상수로 간주하는 나눗셈의 예

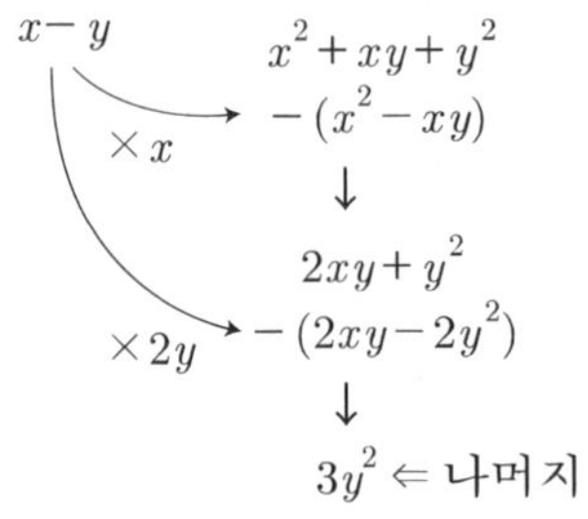

그림 7-10

이때 위의 정리로부터

$$f(x, y)-(x-y)Q = R$$

이 되어, R은 x에 대해서는 1차 미만의 차수가 된다. 그러면 나머지 R은 x를 포함하지 않는 y만의 다항식 $r(y)$가 된다. 그래서 이 식의 양변에 s를 임의의 실수라 하여, 점 (s, s)를 대입하면 다음과 같다.

$$f(s, s)-(s-s)Q=r(s)$$

$f(s, s)=0$이라 가정하므로 좌변은 0이다. 즉, 임의의 실수 s에 대해서 $r(s)=0$임을 알 수 있다. 어떤 실수를 대입하더라도 0이 되는 다항식은 무릇 식으로 0이어야 한다. 즉, (다항식 R)= (다항식으로서의 0)이다. 이것을 원래 식에 대입하면,

$$f(x, y)-(x-y)Q=0$$

이므로 $f(x, y)=(x-y)Q$를 얻고, 다항식 $f(x, y)$는 다항식 $(x-y)$의 배수임이 증명되었다. 이상으로부터 생각하고 있던 $I(W)$에 대해서

$$\begin{aligned} I(W) &= \{(x-y)\text{의 배수 전체}\} \\ &= \{(x-y)h(x, y)\text{인 형태의 다항식 전체}\} \end{aligned}$$

가 된다.

하나 더 예를 살펴보자. W를 대수적 집합 $V(x^2-y)$라 하고, 이때 $I(W)$를 구해보자. 그것은

$$I(W)=\{(x^2-y)\text{의 배수 전체}\}$$

가 된다. 실제, $I(W)$에 속하는 $f(x, y)$(즉, 포물선 $y=x^2$의 점 모두를 영점으로 하는 다항식)에 대해서, 이것을 y만의 다항식으로

간주한다. 그리고 이것을 (x^2-y)를 y만의 다항식으로 간주한 것으로 나눗셈해서 몫을 Q, 나머지를 R이라 하자.

$$f(x, y)-(x^2-y)Q=R$$

R은 y에 대해서는 1차 미만이 되므로 x만의 다항식이 되며, 이후는 위의 논의와 완전히 동일하다.

지금까지의 예로는 결국 아이디얼 $I(W)$는 어떤 하나의 다항식의 배수 전체로 되어 있으므로 1변수에 대한 결과와 똑같다. 그러나 2변수에 대해서는 1변수와 근본적으로 다른 경우가 나온다. 다음 절에서 그것을 설명하자.

한 점으로 만들어지는 아이디얼은 특수하다

마지막 예로서 그림 7-9에서 다룬 대수적 집합

$$V(x-1, y-2)=\{(1, 2)\}$$

를 W로 보자. W는 한 점 $(1, 2)$로 이루어지는 집합이다. 이 W에 대해서 아이디얼 $I(W)$를 구해보자.

결론을 미리 말하면

$$I(W)=\{(x-1)\text{의 배수와 }(y-2)\text{의 배수의 합으로 쓸 수 있는 다항식 전체}\}$$

가 된다. 즉,

$$(x-1)h(x, y)+(y-2)k(x, y) \qquad ①$$

라는 형태의 다항식 전체라는 것이다.

먼저, 이 형태의 다항식이 $I(W)$에 포함됨을 보이자. 실제로 점 $(1, 2)$를 대입하면,

$$(1-1)h(1, 2)+(2-2)k(1, 2)=0+0=0$$

이 되므로 이 형태의 다항식은 점 $(1, 2)$를 영점으로 하고 있다.

또한 이 형태의 다항식의 집합이 아이디얼을 이루는 것도 구체적으로 확인해두자. 식 ①의 형태인 식 2개를 서로 더하거나 빼더라도 식 ①의 형태가 된다. 또한 식 ①의 형태인 식에 어떤 다항식을 곱하더라도 식 ①의 형태가 되는 것도 쉽게 알 수 있다. 이렇듯 아이디얼의 두 조건을 만족하고 있으므로 식 ①의 형태인 식을 모두 모은 집합은 확실히 아이디얼이 된다.

반대로, 아이디얼 $I(W)$에 포함되는 다항식은 모두 식 ①의 형태로 표현할 수 있음을 증명하자.

이제, $f(x, y)$를 $I(W)$에 포함되는 다항식이라 하자. 이것은 $f(1, 2)=0$ 임을 의미한다. 이 $f(x, y)$를 y는 상수로 간주하고 x만의 다항식으로 파악하여 1차 다항식 $(x-1)$로 나눈 몫을 H, 나머지를 R이라 하자. 그러면 '다항식의 나눗셈의 기본원리'로부터

$$f(x, y)-(x-1)H=R \qquad ②$$

이 된다. 여기서 나머지인 다항식 R은 x에 대해서 1차 미만이 되어야 하므로 y만의 다항식, 즉 $R=r(y)$로 표현할 수 있다. 그리고 이 y만의 다항식 $r(y)$를 1차 다항식 $(y-2)$로 나눈 몫을 K라 하자. 1차식으로 나누므로 나머지는 상수(0차식)가 된다. 이것을 c라 쓰자. 즉,

$$r(y)-(y-2)K=c \qquad ③$$

이다. 이상의 식 ②와 ③으로부터 다음 식이 얻어진다.

$$f(x,\ y)=(x-1)H+(y-2)K+c \qquad ④$$

이 식 ④의 양변에 점 $(1,\ 2)$를 대입해보자.

$$f(1,\ 2)=(1-1)H+(2-2)K+c$$

이다. 좌변은 조금 전에 설명했듯이 0이므로 이 식으로부터 상수 $c=0$임을 안다. 그러면 식 ④로부터

$$f(x,\ y)=(x-1)H+(y-2)K$$

로 쓸 수 있음을 알 수 있다. 이것으로 $f(x,\ y)$가 식 ①의 형태인 다항식임을 훌륭하게 증명할 수 있다.

이것은 두 다항식의 배수의 합이라는 형태로 되어 있으므로, 하나의 다항식의 배수라는 형태의 집합과는 다르다. 실제로 $I(W)$는 다항식 $(x-1)$과 $(y-2)$를 각각 원소로 포함하고 있지만, 이것을 공통배수로 만들 수 있는 것은 상수뿐이므로, $I(W)$는 하나의 다항식의 배수의 집합은 되지 않는다.

그런데 이 경우도 지금까지와 마찬가지로 $V(I(W))=W$가 됨이 확인되었다. 사실, $W=\{(1,\ 2)\}$를 영점으로 가지는 다항식 전체는 식 ①로 주어진다. 또한 식 ①의 전체 다항식의 공통영점이 되는 것은 W뿐이다. 이처럼 $V(I(W))=W$는 어떤 대수적 집합 W에서도 성립한다.

극대 아이디얼은 한 점으로 만들 수 있다

지금까지 대수적 집합 W로부터 그 포화방정식 계로서 아이디얼 $I(W)$를 만들 수 있음을 설명해왔다. 그러나 여기서 분석을 멈춘다면 보람이 없다. 아이디얼에는 특별한 아이디얼이 있음을 상기하자. '극대 아이디얼'과 '소아이디얼'이 그것이다. 각각의 정의는 17쪽과 18쪽에서 설명했다. 이제는 아이디얼 $I(W)$가 어떤 때에 극대 아이디얼이 되는지, 그리고 어떤 때에 소아이디얼이 되는지를 분석해보자.

환 R을 2변수 다항식 전체라 할 때, 극대 아이디얼이라는 것은 그것을 포함한 훨씬 큰 아이디얼이 환 R 전체에 한한다는 것이었다. 즉, 전체 이외에 자신보다 훨씬 큰 아이디얼은 없다는 것이다(그림 1-3).

이제, 아이디얼 $I(W)$에서 극대 아이디얼이 되는 것은 아주 간단하다. 결론부터 말하자면, '대수적 집합 W가 한 점으로 이루어지는 집합일 때, 또 그때에 한하여 $I(W)$는 극대 아이디얼이 된다'.

이것을 구체적인 예로 관찰해보기로 하자.

다시 다항식 $x-1$과 다항식 $y-2$로 정의되는 대수적 집합 W를 생각하자. 이때 $x-1=0$은 좌표평면 위의 직선 $x=1$이고, $y-2=0$는 좌표평면 위의 직선 $y=2$이므로 따라서 W는 그 교점이 되고,

$$W=V(x-1,\ y-2)=\{(1,\ 2)\}$$

는 한 점으로 이루어지는 집합이다(그림 7-9).

이 경우 $I(W)$는 앞 절에서 보인 것처럼,

$$I(W) = \{(x-1)\text{의 배수와 }(y-2)\text{의 배수의 합으로 쓸 수 있는 다항식 전체}\}$$
$$= \{(x-1)h(x, y) + (y-2)k(x, y)\text{의 전체}\}$$

라는 형태의 아이디얼이었다.

실은 이 아이디얼은 극대 아이디얼이 된다. 어째서일까?

이제, 이 $I(W)$ 전체를 포함하고, $I(W)$보다 훨씬 큰 아이디얼 J가 있다고 하자. J는 $I(W)$보다 훨씬 크므로 $I(W)$에는 속하지 않는 다항식 $f(x, y)$가 J에 포함되어 있다. 이 다항식 $f(x, y)$의 점 $(1, 2)$에서의 값을 c라 두자. 즉,

$$f(1, 2) = c$$

이다. 이때, c는 0이 아니다. 왜냐하면 만약 0이라면, $f(x, y)$는 점 $(1, 2)$를 영점으로 가지므로 $I(W)$에 포함되기 때문이다. 그래서 다른 다항식

$$g(x, y) = f(x, y) - c$$

를 만들어본다. 이 $g(x, y)$는

$$g(1, 2) = f(1, 2) - c = 0$$

가 되어 $(1, 2)$를 영점으로 가지므로 $g(x, y)$는 $I(W)$에 포함되어야 한다.

한편, J는 $I(W)$를 포함하고 있으므로 $g(x, y)$는 당연히 J에 속한다. 그리고 $f(x, y)$는 원래 J의 원소이면서 J가 아이디얼이므로 차도 J의 원소여야 한다. 즉,

$$f(x, y) - g(x, y) = f(x, y) - (f(x, y) - c) = c$$

는 J에 속한다. 그리고 상수 c가 아이디얼 J의 원소이므로 어떤 다항식을 곱하더라도 그것은 J의 원소가 된다. $p(x, y)$를 임의의 다항식이라 할 때, ($c \neq 0$에 주의하여) c가 아이디얼 J에 속하므로

$$c \times \frac{1}{c} p(x, y) = p(x, y)$$

도 J의 원소가 된다. 즉, J는 모든 다항식을 원소로 가진다는 사실이 판명되었다. 이것은 환 R 전체임을 의미하고 있으므로 $I(W)$는 극대 아이디얼임이 증명되었다.

반대로, 아이디얼 $I(W)$가 극대 아이디얼이 되는 것은 W가 한 점집합일 때에 한한다. 그 이유를 알아내기 위하여, 예를 들어 W가 적어도 두 점 P와 Q를 포함하고 있다고 하자. 그리고 점 P만으로 이루어지는 대수적 집합 {P}를 U라 하고, 아이디얼 $I(U)$를 만든다. 아이디얼 $I(W)$에 속하는 다항식은 적어도 점 P와 점 Q를 영점으로 가진다. 그리고 점 P를 영점으로 가지므로 반드시 $I(U)$에 포함된다. 그러므로 $I(U)$는 $I(W)$를 통째로 포함하고, $I(W)$보다 훨씬 큰 (환 R이 아닌) 아이디얼이 된다. 즉, $I(W)$는 극대 아이디얼이 아니다.

흩어지는 도형, 흩어지지 않는 도형

다음으로 소아이디얼을 생각해보자. 이를 위해서 대수적 집합인 도형에 대해서 **가약**과 **기약**이라는 개념을 도입한다.

> 대수적 집합 W에 대해서 점집합으로서 다음을 만족하는 대수적 집합 W_1과 W_2가 존재할 때, W는 **가약**이라 한다.
> * W_1과 W_2는 모두 W의 부분집합이고, W 자체는 아니다.
> * W_1과 W_2를 합치면 W가 된다.

요컨대 대수적 집합 W가 2개의 부분적인 대수적 집합 W_1과 W_2로 분할될 때, W를 가약이라 한다.

예를 들어, 다항식 $x^2 - y^2$의 영점인 대수적 집합(이것은 161쪽에서 나왔다)

$$W = V(x^2 - y^2)$$

은 그림 7-11의 위쪽 그림과 같다.

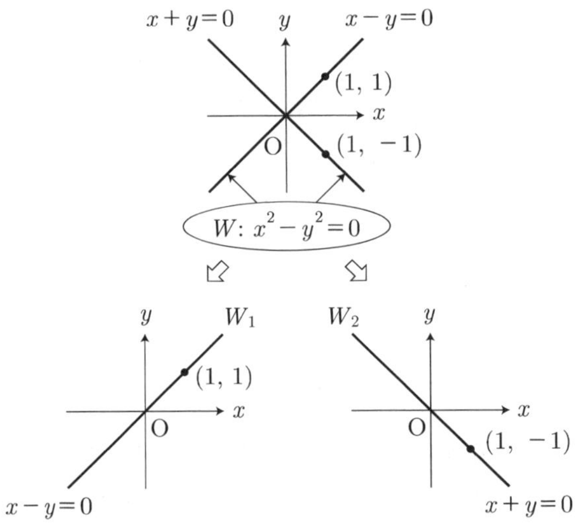

그림 7-11

이 W는 그림 7-11의 아래쪽 그림과 같이 2개의 대수적 집합, 직선 $x-y=0$과 직선 $x+y=0$으로 분해된다. 즉,

$$W_1 = V(x-y) \text{와 } W_2 = V(x+y)$$

로 분해된다. 이것은 인수분해

$$x^2 - y^2 = (x+y)(x-y)$$

로부터 알 수 있다. 즉, 이 대수적 집합 W는 2개의 W_1과 W_2로 분할되므로 가약이 된다(둘 이상의 대수적 집합으로 흩어지는 경우).

> 대수적 집합 W가 가약이 아닌 경우(흩어지지 않는 경우), W를 **기약**이라 부른다.

지금부터가 흥미로운데, 대수적 집합의 기약성과 소아이디얼에 다음과 같은 긴밀한 관계가 있다. 즉, 'W가 기약일 때에 한해서 $I(W)$는 소아이디얼이 된다'는 것이다.

소아이디얼은 소수와 밀접한 관계를 가지고 있다. 정수환에서는 소수의 배수인 아이디얼이 소아이디얼이었다. 소수라는 것은 '더 이상 분해되지 않는 수'였음을 상기하자. 한편, 기약인 대수적 집합도 '더 이상 분해되지 않는 도형'이다. 이처럼 수 개념과 도형 개념은 아이디얼을 통한 유사성이 보인다. 이것은 기약도형이 '도형에서 소수'를 나타내고 있다고 말해도 좋은 근거이다.

이 사실을 이해하기 위해서는 다음과 같이 표현을 바꾸는 편이 적절하다. 즉, 'W가 가약일 때에 한해서 $I(W)$는 소아이디얼이 아니다'.

이 표현을 구체적인 예로 검증해보자.

이제, 대수적 집합 W를 앞의

$$W = V(x^2 - y^2)$$

이라 하자. 그리고 이 W에 대한 아이디얼 $I(W)$를 분석하자.

먼저, $x^2 - y^2$이 0이 되는 점을 W라 정의하고 있으므로 분명히 다항식 $x^2 - y^2$은 $I(W)$에 속한다. 다음으로 다항식 $x+y$를 생각하자. 이것은 $I(W)$에는 속하지 않는다. 왜냐하면 예를 들어 W의 점 $(1, 1)$에서는 0이 되지 않기 때문이다. 또한 다항식 $x-y$를 생각하자. 이것도 $I(W)$에는 속하지 않는다. 왜냐하면 예를 들어 W의 점 $(1, -1)$에서는 0이 되지 않는다. 그런데 모두 $I(W)$에 속하지 않는 $x+y$와 $x-y$를 곱해서 만들어지는 다항식 $x^2 - y^2$은 $I(W)$에 속한다. 이것은 $I(W)$가 소아이디얼이 아님을 의미한다.

이것과 똑같은 절차를 일반적으로 행함으로써, W가 가약임과 $I(W)$가 소아이디얼이 아님이 완전히 똑같은 조건임을 증명할 수 있다(자세한 것은 참고문헌 [10]을 참조하라).

이상으로부터 다음과 같은 대응관계를 밝혀냈다.

대수적 집합 W	⇔	아이디얼 $I(W)$
한 점	⇔	극대 아이디얼
기약	⇔	소아이디얼

극대 아이디얼과 소아이디얼을 이렇게 도형적으로 이해하면, 극

대 아이디얼이 반드시 소아이디얼임은 당연하다는 것을 알 수 있다. 왜냐하면, 극대 아이디얼은 한 점으로 이루어지는 도형으로부터 만들어지는데, 한 점으로 이루어지는 도형은 분명히 더 이상 분해할 수 없기 때문이다.

한편, 다음의 대응관계도 상기하자.

극대 아이디얼	⇔ 소수
소아이디얼	⇔ 소수와 0

이처럼 아이디얼은 도형의 공간과 정수에서의 소수를 연결지어 주는 연결고리이다(이 장의 내용을 좀 더 깊게 탐구한 설명은 참고문헌 [10]을 참조하라).

다음 장에서 실제로 소수를 공간화하여 도형화하는 방법을 알아보기로 한다.

공간이 아닌 것을 공간으로 간주한다

8

제7장에서는 '다항식 = 0'이라는 방정식으로부터 도형을 그리고, 그 도형과 아이디얼을 대응시키는 것으로 기약도형이라는 '소수'에 대응하는 개념을 손에 넣은 수학자의 독특한 세계관을 설명했다. 이번 마지막 장에서는 '도대체 공간이란 무엇인가?'라는 질문에 대한 수학자의 관점을 소개한다.

19세기 말 무렵, 집합을 기초로 한 수학자들은 원근감 있는 공간을 집합으로 기술하는 데 성공했다. 이것이 '위상(位相)'이 도입된 '위상공간'이라 부르는 공간이다. 위상을 정의함으로써, '도형의 내부·외부·경계'라든지 '연결되어 있는 도형·잘려 있는 도형'이라든지 '막다름이 있는 도형·한계가 없는 도형' 등의 개념을 규정하는 것이 가능하게 되었다. 더욱이 위상에 의해, 제3장에서 설명한 호몰로지군의 역할이 확실해졌다.

그 후 20세기 수학자들은 공간에서는 전혀 보이지 않는 대상을 위상공간으로 만드는 데 성공했다. 구체적인 예로서 소수의 집합을 공간화한 스킴 이론을 들 수 있다. 이 책의 마무리로서 이러한 내용에 대한 수학자의 색다른 관점을 설명하고자 한다.

도형을 점의 집합으로 본다

사물의 모임을 '집합'이라 부르며 수학적인 대상으로 간주하고 분석한 사람은 19세기 수학자 칸토르와 데데킨트였음은 몇 번이나 언급했다. 특히 '아이디얼'이라는 집합을 다룸으로써 수학의 세계는 크게 넓어졌다. 그들의 연구 이래, 수학의 모든 소재는 집합을 기초로 기술되었다. 기하학적인 도형을 점의 집합으로 기술하는 것이 대표적인 예이다. 이 방법은 제7장에서도 충분히 사용하였다.

기하학적인 도형을 점의 집합으로 보는 관점은 함수나 사상을 다룰 때에도 편리하다. 사상은 71쪽에서 설명했지만, '두 종류의 집합 사이에 대응관계를 붙이는 것'이라 규정할 수 있다. 특히 양쪽 집합을 수 집합으로 한 경우가 함수이다.

그러므로 도형을 점의 집합으로 간주할 수 있으면 도형과 도형 사이에 사상을 정의할 수 있다. 이것이 가능하게 되면, '도형을 연속변형 한다'라는 작업을 수학적으로 기술할 수 있게 되며, 추상적인 수학에서뿐만 아니라 구체적인 테크놀로지에도 응용할 수 있다. 즉, 수학이 실용화될 수 있게 된다.

개구간과 폐구간

도형을 점의 집합으로 다루는 경우, 외관상으로는 비슷해 보이는 도형이 큰 차이를 가지게 된다. 한 가지 예로서, '0 보다 크고 1 보다 작은 수의 집합 I', 즉 '$0 < x < 1$을 만족하는 x의 집합 I'와, '0 이상 1 이하인 수의 집합 J', 즉 '$0 \leq x \leq 1$을 만족하는 x의 집합 J'를 관찰해보자. 수학 기호로는 소괄호와 대괄호로 구별하여 표현한다(지금까지 아이디얼을 나타나는 데 주로 알파벳 I를 이용했는데, 여기에서는 아이디얼의 의미로는 사용하지 않는다).

$$I = (0, 1)$$
$$J = [0, 1]$$

그림으로 나타내면 그림 8-1과 같다. 흰 동그라미는 그 점을 포함하지 않는 것, 검은 동그라미는 그 점을 포함하는 것을 나타낸다.

부등호로는 ‘<’과 ‘≤’으로 구분하여 나타난다.

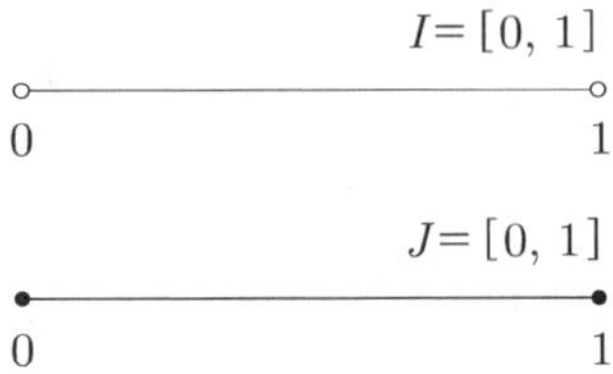

그림 8-1

집합 I처럼 끝점을 포함하지 않는 구간을 **개구간**이라 부른다. 한편, 집합 J처럼 끝점을 포함하는 구간을 **폐구간**이라 부른다.

개구간과 폐구간에는 수학적으로 큰 차이가 있다. 폐구간 J ($0 \leq x \leq 1$이라는 구간)에는 최댓값과 최솟값이 존재한다. $x=1$이 최댓값, $x=0$이 최솟값이다. 한편, 개구간 I($0 < x < 1$이라는 구간)에는 최댓값과 최솟값이 존재하지 않는다. 왜냐하면 끝점인 $x=1$과 $x=0$이 구간에 포함되지 않기 때문이다.

부등호를 처음 배우는 것은 중학생 때이다. 많은 사람들은 중학생일 때 ‘<’와 ‘≤’을 왜 엄밀하게 구별하지 않으면 안 되는지 의문이 들었을 것이다. 하지만 이 차이는 중학생이 생각하는 것보다 훨씬 크다. 그뿐만 아니라, 수학자가 열심히 생각한 끝에 간신히 정복한 성질이다. 즉, 개구간이나 폐구간이라는 개념을 이용함으로써 수학자들은 도형의 ‘구조’를 분석하는 방법을 손에 넣을 수 있었다.

'주변'을 수학화한다

개구간이라는 도구가 중요한 이유는 **주변**이나 **근방**, **이어짐(연속)** 같은 개념을 수학적으로 정의할 수 있게 되기 때문이다.

예를 들어, 수로 이루어지는 어떤 집합이 주어졌을 때, '그 집합에 속하는 어떤 수에 대해서도 그 수의 매우 가까이에 있는 수들은 모두 그 집합에 속한다'라는 성질을 생각해보자. 비유하자면, '어떤 집이든 그 인근에 있는 집과 같은 마을에 속한다'라는 성질이다.

먼저 폐구간부터 생각해보자. 예를 들어, 폐구간 $J=[0,1]$ ($0 \leq x \leq 1$ 이라는 집합)은 이 성질을 가지고 있지 않음을 알 수 있다. 사실 숫자 1 주변의 아무리 가까운 곳을 보더라도, 오른쪽(1 보다 큰 쪽)이 이 집합에서 벗어난다. 마을의 예로 말하면, 마을의 경계에 있는 어떤 집의 한쪽 인근에 있는 집은 같은 마을에 속하지 않는다는 것이다.

한편, 개구간 $I=(0,1)$ ($0 < x < 1$ 이라는 집합)은 앞서 말한 성질을 가지고 있다. 이 집합 I에 속하는 어떤 수를 잡더라도 그 수보다 조금 큰 수 전부와 조금 작은 수 전부가 이 집합에 속한다. 마을의 예로 말하면, 이 마을에서는 어느 집이든 그 인근에 있는 모든 집이 같은 마을에 속한다는 불가사의한 성질을 갖고 있다는 것이다. 다르게 표현하면, 이 마을의 경계에는 어떤 집도 없다는 것이다.

앞서 말한 성질이 폐구간에는 없고 개구간에 있는 이유는, 최댓값·최솟값이 폐구간에는 있고 개구간에는 없기 때문이다. 조금 더 상세하게 말하면, 이 성질은 개구간이 '촘촘히 연속적으로 수가 늘어서 있는 데다가, 경계가 없기' 때문에 생긴다. 즉, '경계의 수도 없고, 여기저기 점점이 고립되어 있는 수도 없다'는 의미이다.

도형의 내부, 외부, 경계를 정의한다

이 개구간의 개념을 사용하면, 도형의 **내부**, **외부**, **경계**를 정의할 수 있다.

독자 여러분은 '도형의 내부, 외부, 경계를 보면 알 수 있다'라고 말할지도 모르겠지만, 그것은 일상적인 감각에 지나지 않는 것이다. 수학이 다루는 도형은 일반적으로는 추상적이며, 반드시 눈에 보이는 것은 아니다. 예를 들어, 제3장에서 소개한 사영평면(43쪽)은 상상할 수 없는 도형의 전형이다. 이렇게 일상적인 감각을 뛰어넘는 추상적인 도형에 대해서 내부, 외부, 경계를 정의하는 것이 간단하지 않다.

내부, 외부, 경계를 정의하기 위해서 먼저 수직선 위의 개구간의 개념(1차원의 개념)을 좀 더 고차원의 공간으로 확장해둘 필요가 있다.

공간에서, 어떤 점 A 에서 거리 $r\,(r > 0)$ 미만의 거리에 있는 점의 집합을 'A 를 중심으로 하고 반지름 r 인 **개구**'라고 부른다. 공간을 수직선이라 하면, 개구는 앞에서의 개구간과 일치한다.

공간을 평면이라 하면, 개구는 원에서 둘레를 제거한 것이다(그림 8-2). 공간을 3차원 공간이라 하면, 개구는 구에서 그 표면을 제거한 것이다. 개구에서 중요한 사실은 경계인 점을 포함하지 않는다는 것이다.

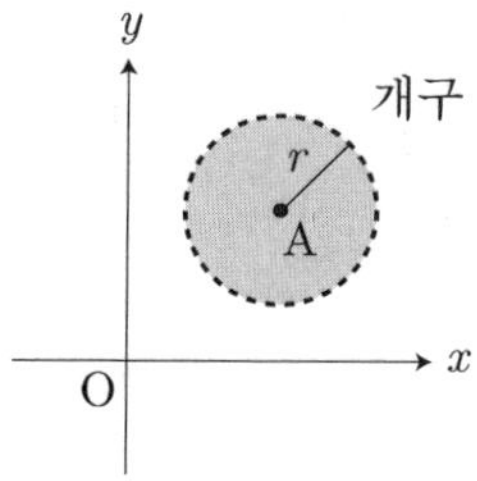

그림 8-2

개구를 사용하면, 어떤 도형 X (점의 집합)가 주어졌을 때, 도형 X 의 점 A 가 '내부의 점이다'는 것은 다음과 같이 정의된다. 즉, '점 A 를 중심으로 하는 개구로서 도형 X 의 부분집합이 존재한다' 고 약속하는 것이다(그림 8-3). 이것은 도형 X 의 점들이 점 A 주변에 '사방팔방으로 쭉 늘어서 있는' 느낌이라고 생각해도 좋다.

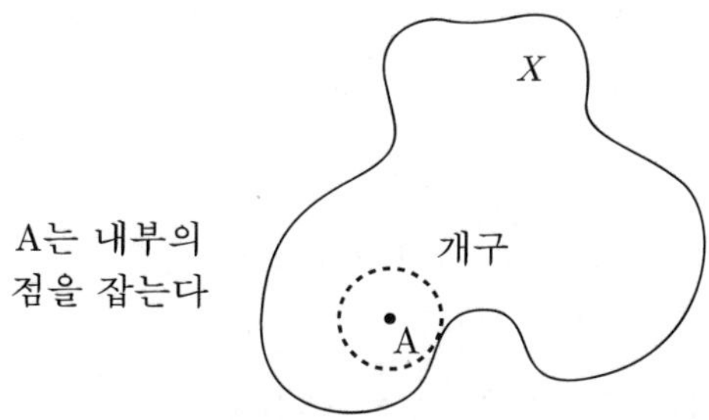

그림 8-3

예를 들어, 폐구간 $J = [0, 1]$ ($0 \leq x \leq 1$ 인 집합)을 도형 X라 생각해 보자(그림 8-4).

이때, $x = 0.5$ 인 점을 A 라 하면, A 는 내부의 점이다. 왜냐하면 A 를 중심으로 하는 개구간(개구) $0.4 < x < 0.6$ 이 X 의 부분집합

으로 존재하기 때문이다. 한편, $x=1$ 인 점 B는 내부의 점이 아니다. 왜냐하면 B를 중심으로 하는 어떤 개구간(개구)도 도형 X에서 (오른쪽으로) 벗어나기 때문이다.

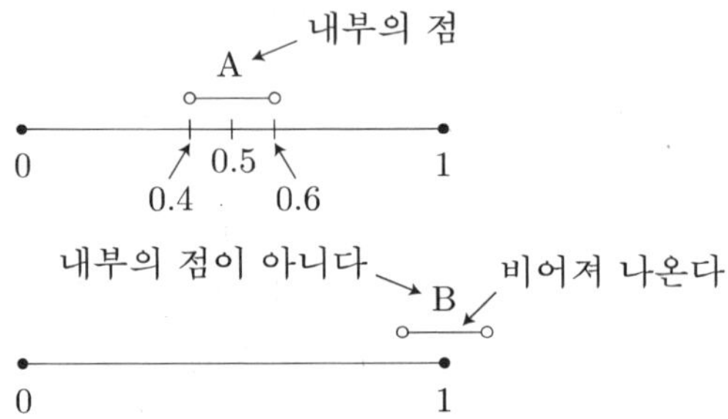

그림 8-4

이처럼 '도형의 내부의 점'이 정의되면 이후는 간단하다. 도형 X의 '외부의 점'은 '도형 X에 속하지 않는 점집합의 내부의 점'으로 정의하면 된다.

집합 X에 대해서 집합 X에 속하지 않는 원소의 집합을 'X의 여집합'이라 부르고, X^c로 나타낸다. 예를 들어, 폐구간 $J=[0, 1]$ ($0 \leq x \leq 1$인 집합)의 여집합 J^c는 '$x<0$ 또는 $1<x$'가 된다.

도형 X의 '외부의 점'은 'X의 여집합 X^c의 내부의 점'으로 정의된다.

마지막으로, 도형 X의 '경계의 점'은 '도형 X의 내부의 점도 아니고, 외부의 점도 아닌 점'이다.

예를 들어, 개구간 $I=(0, 1)$ ($0<x<1$인 집합)을 도형 X라 하면, 도형 X의 모든 점은 '내부의 점'이 된다. 왜일까?

이제, x를 $0<x<1$을 만족하는 수라 하자. 이때, 가령 x가 1

보다 0에 가깝다고 하면, 개구간 $\left(\frac{1}{2}x, \frac{3}{2}x\right)$를 만든다. 이것은 x를 중심으로 하고, 반지름이 $\frac{1}{2}x$인 개구이다. 반지름은 'x에서 0까지의 거리'의 반이므로 이 개구간은 전부 구간 I에 포함된다(그림 8-5). 만일 x가 1에 가까우면 반지름을 1과의 거리의 반으로 하면 된다. 이처럼 어떤 x에 대해서도 x를 중심으로 하는 적어도 하나의 개구가 개구간 I에 포함되므로 I의 임의의 점은 내부의 점이 된다.

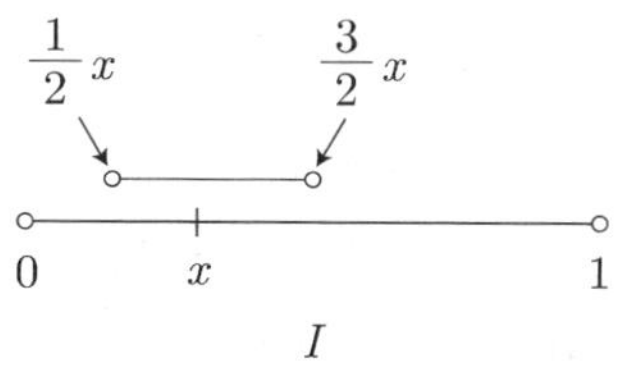

그림 8-5

도형 X(= 개구간 I)의 여집합은 '$x \leq 0$ 또는 $1 \leq x$를 만족하는 x의 점집합'이 된다. 이 점집합의 내부의 점은 '$x < 0$ 또는 $1 < x$를 만족하는 x의 점집합'임은 쉽게 이해할 수 있을 것이다. 이 점들이 도형 X의 외부의 점이 된다.

그러면 도형 X의 경계의 점이란 내부의 점이나 외부의 점이 아닌 점이므로 $x = 0$인 점 그리고 $x = 1$인 점이 된다. 확실히 이것이 개구간 $I = (0, 1)$의 경계의 점임은 우리들의 일상적인 감각과 일치하고 있다(그림 8-6).

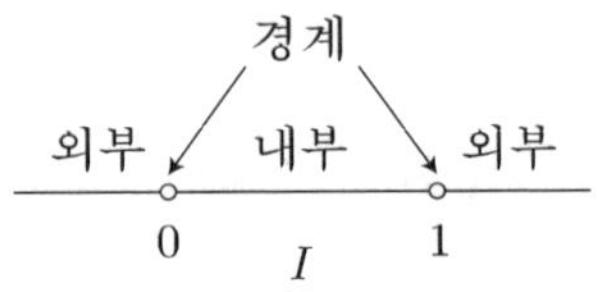

그림 8-6

위상이란 무엇인가

이상으로 개구를 사용해서 도형의 내부, 외부, 경계를 정하는 데 성공했다. 이로써 도형의 '연결방법'으로부터 도형의 '구조'를 분류한다는, 흔히 우리들이 대수롭지 않게 하고 있는 판단을 수학적으로 표현할 수 있게 되었다. 그것이 바로 **위상**이라는 방법론이다(자세한 것은 참고문헌 [10], [11], [12]를 참조하라).

우리들은 보통 지도가 필요할 때, 다양한 형태의 지도를 사용한다. 지도에는 실제 지형 그대로를 축소하여 만든 것도 있고, 길의 거리나 폭 등은 실제의 비례관계와 다르지만 표지가 되는 장소나 구부러진 각 등을 강조해서 목적지까지의 코스를 알기 쉽게 한 간이지도도 있다. 우리들은 그러한 간이지도로도 (오히려 그런 지도 쪽이) 정확히 목적지에 도착할 수 있다. 그것은 우리들의 뇌가 간이지도와 실제 지형을 동일한 것으로 인식할 수 있기 때문이다.

우리들의 뇌에는 이처럼 '도형적인 연결방법의 구조가 같으면 같은 것으로 간주하는' 능력이 갖추어져 있다. 그러한 능력을 수학적으로 표현한 것이 '위상'이다.

예를 들어, 그림 8-7과 같은 도형 Ω_1과 도형 Ω_2를 살펴보자. 참고로 도형 Ω_1은 제3장에서 다룬 것이다. 도형 Ω_1은 삼각형에 꺾

은선이 붙어 있는 것이다. 한편, Ω_2는 원에 원호가 붙어 있는 것이다. 이렇게 표현하면 두 도형은 다른 것이 되지만, 우리들은 두 도형을 같은 것으로 파악한다. 실제로, 둘 다 '핸드백 꼴'로 간주할 수 있다. 그리고 그 차이는 '디자인의 차이'로 간주한다. 이제 이러한 인식을 수학적으로 표현하기 위해서는 다음과 같이 하면 된다.

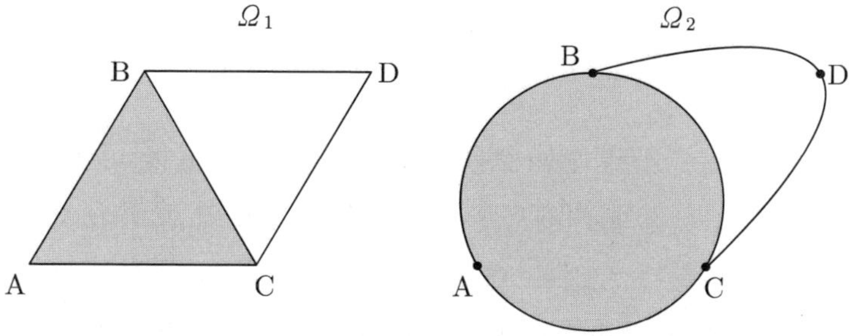

그림 8-7

두 도형 모두, 도형 ABC와 도형 BDC가 점 B와 점 C에서 접속된 것이다. 더욱이 도형 ABC는 내부의 점집합에 경계 ABC가 붙어 있는 것이다. 또한 도형 BDC는 내부의 점집합(선을 이루고 있다)에 경계 B와 C가 붙은 것이다. 이렇게 양쪽 도형을 똑같이 분해해서 파악하면, 같은 모양이라는 것을 이해할 수 있게 된다.

이 감각적인 것을 보다 수학적으로 확실하게 하기 위해서는 제4장에서 설명한 '사상'의 사고방법을 이용하면 된다. 즉, 도형 Ω_1에서 도형 Ω_2로의 대응관계를 그림 8-8의 화살표와 같이 형성한다.

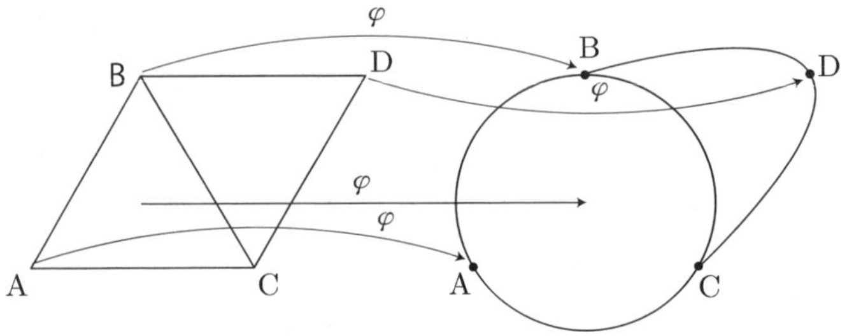

그림 8-8

구체적으로는 같은 알파벳을 대응시킨다. 그리고 알파벳이 기입되어 있지 않는 점에 대해서는 그림 8-9와 같이 각 도형에 '번지'를 매기고, 같은 번지의 점을 대응시키는 것이다. 먼저 선 BDC에는 B에서의 거리의 비율로 0에서 1까지의 숫자를 할당하고, '번지'라 한다. 다음으로, 판 ABC에 대해서는 중심을 O(0, 0)이라 하고, 수평방향으로의 회전각과 O(0, 0)에서 경계까지의 거리의 몇 %에 해당하는가로 '번지'를 할당한다.

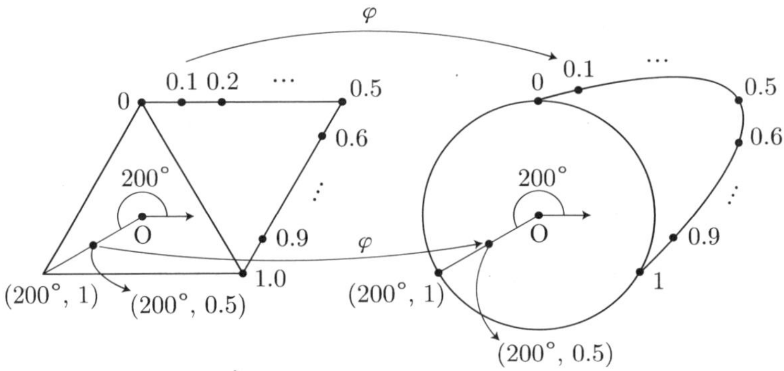

그림 8-9

예를 들어, 그림 8-9에서는 회전각 200°이고 중심에서 0.5의 비율에 해당하는 점을 가리키고 있다. 이렇게 해서 할당된 번지에 대해서 같은 번지의 점이 대응하도록 사상을 만들면 된다.

이 사상에 의해, 점과 점뿐만 아니라 점의 주변끼리(뒤에서 개집합이라는 단어로 정의되는 도형)도 대응시키는 것이 가능함을 알 수 있다. 주변끼리도 빈틈없이 대응시킬 수 있다는 것은, 도형 Ω_1과 도형 Ω_2에서는 점끼리뿐만 아니라 '근방관계'까지도 대응하고 있다는 의미이다. 즉, 각각의 도형을 지도라 간주하면 같은 지도가 된다.

이상과 같이 도형의 형상을 개구를 사용한 근린관계로 파악하는 것을 '위상'이라 부른다. 위상은 공간을 다루는 데 있어 강력한 무기가 된다. 다음에서 그것에 대해 설명하기로 하자.

'연결되어 있다', '끊어져 있다'

위상의 가장 중요한 응용은 함수의 그래프에 대해서 '연결되어 있다', '끊어져 있다'라는 소위 '연속성'을 정의하는 것이다. 그래프가 하나의 선으로 연결되는 함수를 **연속함수**, 어딘가에서 끊어져 있는 함수를 **불연속함수**라 부른다.

전형적인 불연속함수로 택시 운임의 함수를 들 수 있다. 예를 들어, 택시 운임이 2킬로미터까지는 710원, 이후는 288미터마다 90원이라고 하자. 이것을 그래프로 그리면 그림 8-10과 같다. 그래프가 점 A와 점 B인 곳에서 끊어져 점프하고 있음은 정확히 2킬로미터의 주행에서 요금이 불연속으로 상승하기 때문이다. 이처럼 함수에 불연속적인 변화가 있으면 그래프는 끊어지게 된다.

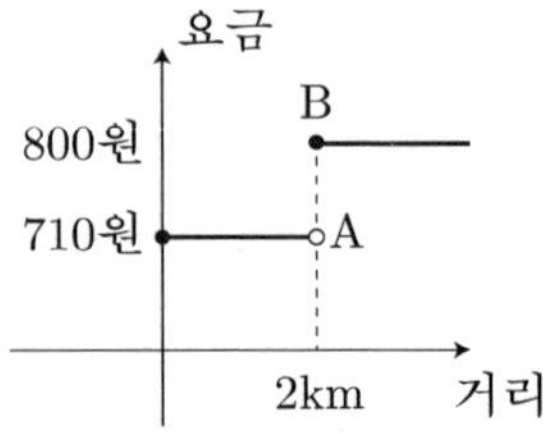

그림 8-10

여담이지만, 사카구치 안고(坂口安吾)라는 작가의 유명한 추리소설 중 《불연속 살인사건》이라는 작품이 있다. 이것은 '연속살인사건'을 풍자적으로 빗댄 제목인데 매우 독특하다고 생각한다.

이러한 함수의 연속성, 불연속성은 위상을 사용하면 파악할 수 있다. 함수에서의 개구의 대응을 보면 된다.

예를 들어, 그래프가 그림 8-11과 같은 함수 $f(x)$를 생각해보자. $x=1$인 곳에서 값이 점프하고 있으므로 그래프가 끊어져 있다.

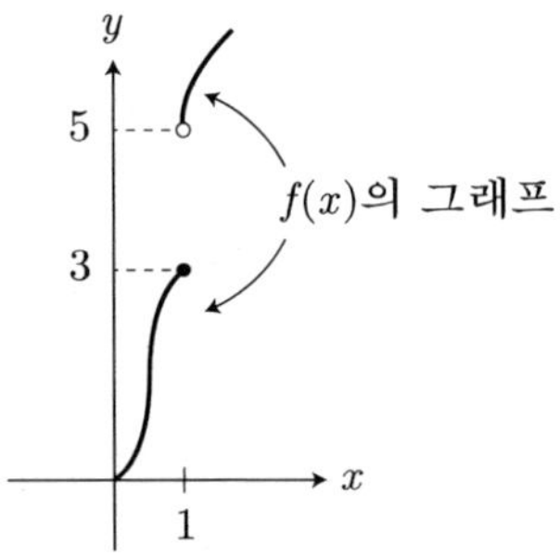

그림 8-11

이것은 위상적으로 어떻게 나타날까?

함수 $f(x)$를 사상으로 파악하고 비유적으로 말하면, $x=1$은

$y = 3$에 대응하고 있지만, $x = 1$의 오른쪽 근방이 $y = 3$의 근방에 대응하지 않고 거리를 둔다고 할 수 있다.

이 비유를 수학적으로 정확하게 표현하면 다음과 같다.

함수 $f(x)$를 사상으로 파악하고, $y = 3$인 곳에서 이 점을 중심으로 하는 그림 8-12와 같은 개구간(개구) I를 잡자. 그리고 사상 $f(x)$에 의해 이 개구간 I의 점과 대응하도록 x축 위의 점집합을 구하자. 그것은 그림 8-12의 집합 T가 된다. 이 집합 T에서 점 1은 내부의 점이 아니라 경계가 된다(검정색 동그라미). 이것은 x축 위의 점 1의 근방에서 사상 $f(x)$에 의해 y축 위의 점 3의 근방에 대응하지 않는 것이 있음을 의미한다. 실제로, x축 위의 점 1의 오른쪽 근방에 있는 점이 대응하는 y축 위의 점은 개집합 I(= 3의 근방)의 점에는 대응하지 않고, 훨씬 떨어진 곳(5의 근처)과 대응하고 있다.

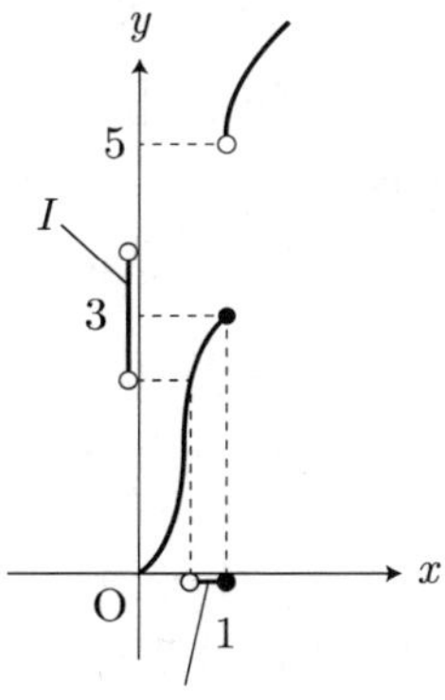

그림 8-12

이것을 반대 관점에서 살펴보자.

그래프가 끊어진 곳 없이 연결되어 있어서 값이 점프하지 않는 함수(사상)에서는 이러한 현상이 일어나지 않는다. 그림 8-13을 눈여겨 보면서 읽기 바란다.

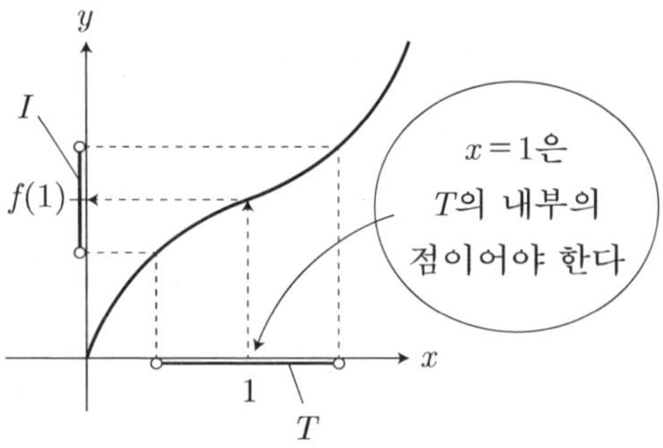

그림 8-13

x축 위의 점 1이 사상 $f(x)$에서 대응하고 있는 것은 y축 위의 $f(1)$이다. 이 점 $f(1)$에 대해서 그 점을 중심으로 한 y축 위의 개구간(개구) I를 잡는다. 사상 $f(x)$에 의해 그 개구간 I의 점에 대응하는 x축 위의 점집합 T는 점 1이 내부의 점이어야 한다. 만약 그것이 경계의 점이라면, 점 1의 근방의 점에서 그 점이 사상 $f(x)$에 대응하는 점이 y축 위의 개구간 I의 밖으로 벗어나게 된다. 즉, 대응에 불연속인 점프가 있음을 의미한다.

이상을 정리하면, 다음과 같다.

결국 점 $f(a)$를 중심으로 한 개구의 점과 사상 $f(x)$에 의해 대응하는 점 x를 모은 집합 속에 점 a가 내부인 점이면, 사상 $f(x)$는 $x=a$인 곳에서 연속이며, 사상 $f(x)$의 그래프는 연결되어 있다(끊어져 있지 않다)는 것이다.

이처럼 개구를 사용하여 위상을 만들어내면, 함수나 사상의 연속성·불연속성을 수학적으로 멋지게 표현할 수 있다.

‘개구’를 일반화한 개집합

수학자들은 개구를 사용하여 내부, 외부, 경계나 연속, 불연속을 표현하는 데 성공했던 것에서 나아가, 좀 더 일반적이고 좀 더 추상적인 공간에서도 위상을 정의하려고 했다. 그것은 다음과 같은 과정을 따른다.

먼저, 개구를 일반화한 것으로서 **개집합**이라는 개념을 정의한다.

직선이나 평면 등의 공간에서 집합 T가 ‘개집합’이라는 것은 T의 임의의 점이 T의 내부의 점인 것으로 정의한다. 즉, ‘전부가 내부의 점’인 도형을 개집합이라 부르는 것이다. 다르게 표현하면, ‘도형의 경계인 점이 그 도형의 점이 아닌 것’이 개집합이다.

개구는 분명히 개집합이다. 또 두 개구를 합친 도형도 개집합이다. 두 개구의 공통부분도 개집합이 된다(그림 8-14). 삼각형이나 타원 등의 일반적인 도형에서 그 경계선을 제거한 도형은 개집합이 된다. 개집합이란 개구와 마찬가지로 임의의 점에 대해서 그 인근의 점 모두가 그 집합에 속하고 있는 것이다.

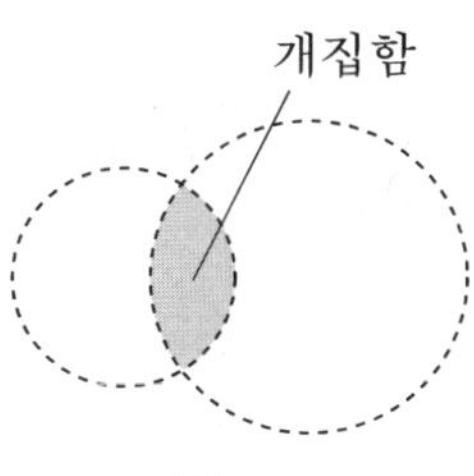

그림 8-14

다음으로, **폐집합**은 '개집합의 여집합'으로 정의된다. 역으로 말하면, 여집합 T^c가 개집합이 되는 집합 T가 폐집합이다. 폐집합이란 경계가 그 집합에 포함되어 있는 집합이다(그림 8-15).

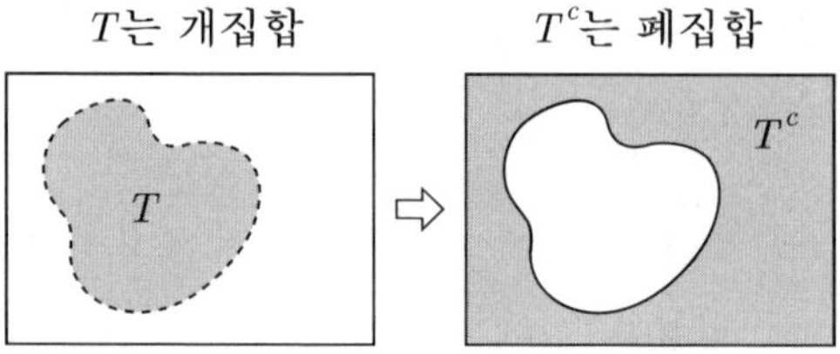

그림 8-15

개집합의 성질

여기서 개집합이 갖고 있는 성질을 분석해보자. 개집합은 다음 세 가지 성질을 갖는다.

개집합의 성질

성질 O1 : 전체공간은 개집합이고, 공집합 ϕ도 개집합

성질 O2 : 유한개 또는 무한개의 개집합을 합치더라도 개집합

성질 O3 : 유한개의 개집합의 공통부분은 개집합

첫 번째 O1은 분명하다. 두 번째 O2는 다음과 같이 증명할 수 있다. 이제, 개집합 T_1, T_2, T_3, … 을 합친 집합을 T라 하자. 이때 T가 개집합임을 증명하기 위해서는 T의 임의의 점 x가 내부의 점임을 말하면 된다. T가 T_1, T_2, T_3, … 을 합친 것이므

로 점 x는 어떤 T_n의 점이다. 그렇다면 T_n이 개집합이므로 x는 내부의 점이고, x를 중심으로 한 개구 중에서 T_n에 포함되는 것이 존재한다. 그러면 그 개구는 T에도 포함되므로 x는 T의 내부의 점이 된다(그림 8-16).

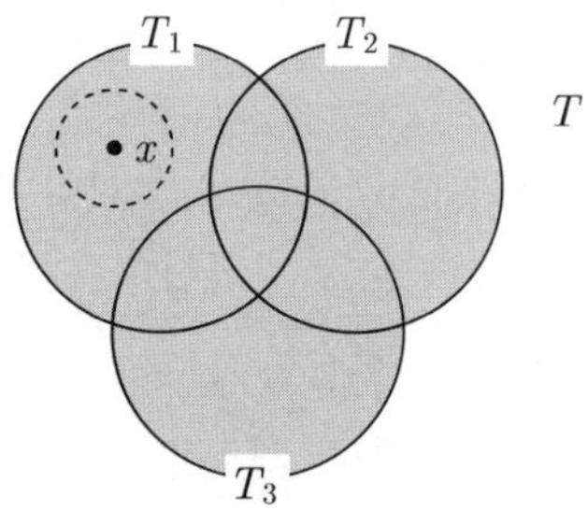

그림 8-16

세 번째 O3의 성질에서 주의해야 하는 것은 왜 '유한개'라는 조건이 필요한지, 반대로 말하면 왜 '무한개'에서는 성립하지 않는지이다.

먼저, 2개의 개집합 T_1, T_2의 공통부분을 T라 하고, 그것이 개집합임을 증명하자. 공통부분 T가 공집합이라면 O1으로부터 개집합이다. 그래서 T는 공집합이 아니라고 하자. T의 점 x를 임의로 택하면, 그것은 T_1의 점이기도 하고, T_2의 점이기도 하다. 그것들은 개집합이므로 점 x를 중심으로 한 개구 S_1 중에서 T_1에 포함되는 것이 있고, 점 x를 중심으로 한 개구 S_2 중에서 T_2에 포함되는 것이 있다. 그림 8-17을 보면 알 수 있듯이, 개구 S_1과 개구 S_2 가운데, 작은 쪽 개구는 T_1과 T_2에 모두 포함된다. 따라서 점 x는 T의 내부의 점이 된다.

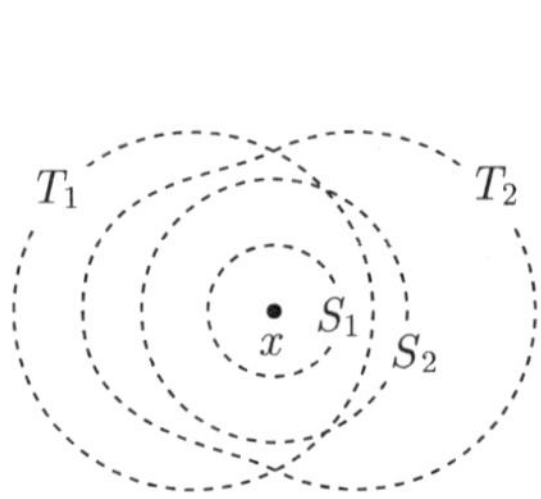

그림 8-17

이처럼 2개의 개집합의 공통부분이 개집합이라는 것을 알았으므로, 3개의 개집합의 공통부분도 개집합임을 알 수 있다. 왜냐하면 2개의 개집합의 공통부분이 개집합이 되고, 그것과 세 번째 개집합과의 공통부분을 만들면 그것도 개집합이 되기 때문이다.

그러나 이 방법을 무한개까지 넓히는 것은 가능하지 않다. 집합을 하나씩 첨가해서 공통부분을 만드는 것으로는 아무리 해도 무한개의 집합의 공통부분에 도달하지 않기 때문이다. 실제로 반례가 존재한다. 이제, 개구간의 집합

$$T_1 = (0,\ 1.1),\ T_2 = (0,\ 1.01),\ T_3 = (0,\ 1.001),\ \cdots$$

를 설정하자. 이때 T_1, T_2, T_3, … 모두의 공통부분이 되는 것은 $0 < x \leq 1$인 범위의 수이다. 실제로 이 범위의 수가 T_1, T_2, T_3, … 모두의 원소임은 분명하다. 또 1보다 조금이라도 큰 수(즉, $1 < x$가 되는 x)는 충분히 큰 n에 대해서 개구간 T_n의 원소가 아님은 구간의 오른쪽 끝이 얼마든지 1에 가까이 간다는 것에서 알 수 있다. 그런데 $0 < x \leq 1$인 x의 집합은 경계점 1을 원소로 하므로 개집합이 아니다. 이로써 반례를 보였다.

수학자들은 이 세 가지 성질 O1, O2, O3가 '위상의 본질'임을 알았다. 즉, 개구 등을 사용하지 않더라도 이 세 가지 성질만 있으

면, 기본적으로 지금까지 설명한 것은 모두 재현할 수 있음을 발견했던 것이다.

수학자들은 다음과 같이 생각했다. 집합 X에 이 세 가지 성질을 가지는 부분집합의 모임('족(族)'이라 부른다)이 존재하면, 이들을 '개집합'이라 정의함으로써 집합 X를 '공간화'하는 것이 가능하다고 생각했다.

조금 더 정확하게 표현하자. 이제, 집합 X의 부분집합 T_1, T_2, T_3, … 에서 다음 성질을 만족하는 것이 존재한다고 하자.

개집합의 정의

(i) X와 공집합 ϕ는 T_1, T_2, T_3, … 중 어느 것이다.

(ii) T_1, T_2, T_3, … 중 유한개 또는 무한개의 합병으로 만들어지는 집합은 반드시 T_1, T_2, T_3, … 중 어느 것이다.

(iii) T_1, T_2, T_3, … 중 유한개의 공통부분이 되는 집합은 반드시 T_1, T_2, T_3, … 중 어느 것이다.

이 세 가지 조건을 만족하는 T_1, T_2, T_3, … 각각을 집합 X의 '개집합'이라 부르고, 공간 X와 T_1, T_2, T_3, … 를 조합한 것을 **위상공간** $(X; T_1, T_2, T_3, \cdots)$라 정의한다. 여기서 T_1, T_2, T_3, … 는 공간 X에 원근감 같은 구조를 부여하는 것이다.

집합 X에 개집합이 정의됨으로써 어떻게 도형적 구조가 생기는 것일까? 이것을 이미지화하여 말하면 다음과 같다. 집합 X와 원소 a뿐이라면, 'a는 X에 속한다'와 'a는 X에 속하지 않는다'는 두 가지밖에 없다. 그러나 개집합 족이 주어지면, 'a는 X의 내부', 'a

는 X의 외부', 'a는 X의 경계'라는 세 가지 관계가 된다. 관계가 하나 늘어날 뿐만 아니라, 내부, 외부, 경계라는 '형태'가 주어지는 것이다.

도형을 위상공간으로 만든다

집합을 공간화하는 예로서, 평면 위의 도형을 위상공간으로 만들어보자. 예로서 그림 8-7에서 다룬 '핸드백 꼴 Ω_1'을 다시 가져오자.

이러한 평면 위의 일부분을 이루는 도형에 대해서, 평면이 가지고 있는 위상으로부터 유도된 위상을 도입할 수 있다. 바로, 평면 위의 개집합 T와 도형 Ω_1과의 교차 $T \cap \Omega_1$ 모두를 도형 Ω_1의 개집합이라고 정의하는 것이다. 예를 들어, 그림 8-18의 음영부분과 굵은 선 부분은 모두 도형 Ω_1의 개집합이 된다.

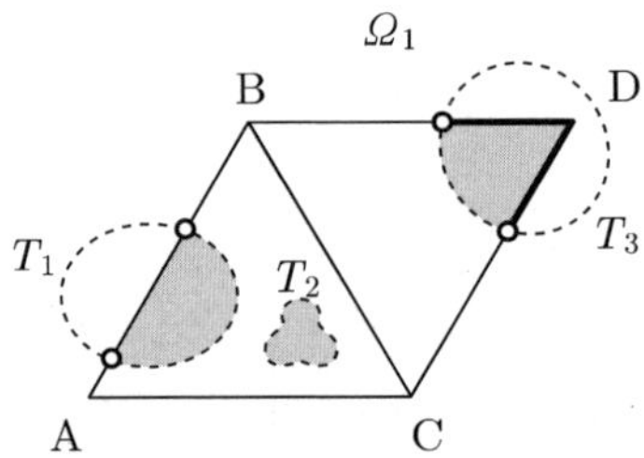

그림 8-18

왜냐하면 T_1, T_2, T_3, … 가 평면 위의 모든 개집합인 경우, $T_1 \cap \Omega_1$, $T_2 \cap \Omega_1$, $T_3 \cap \Omega_1$, … 이 개집합의 정의 (i), (ii), (iii)을 만족함을 확인할 수 있기 때문이다. 이렇게 평면 위의 도형

에 평면의 위상으로부터 유도된 위상을 도입한 위상공간을 부분위상공간이라 부른다. 이것은 평면의 원근감의 구조를 이용하여 도형에 원근감을 도입한 것이다.

이처럼 도형을 위상공간으로 만들 수 있으면 여러 가지 편리한 점이 있다.

예를 들어, 도형이 몇 개의 '하나로 연결된 부분'으로 구성되는지 정의할 수 있다.

그 예로, 그림 8-19의 도형 X_1은 독립된 사각형과 삼각형으로 이루어진 도형이므로 하나로 연결된 도형 2개로 이루어져 있다. 한편, 도형 X_2는 사각형과 삼각형이 선으로 연결되어 있으므로 하나로 연결된 도형이다. 이 차이를 수학적으로 파악하기 위해서는 부분위상공간이 도움이 된다.

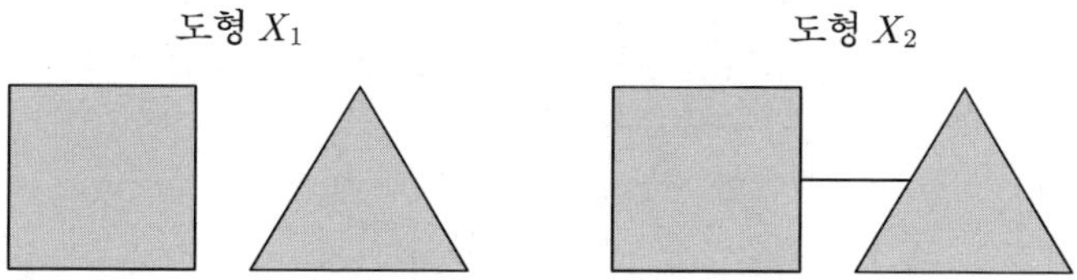

그림 8-19

하나로 연결된 도형을 전문적으로 **연결**이라 부르고, 다음과 같이 정의한다.

연결의 정의

위상공간 X가 어느 것도 공집합이 아닌 개집합 T와 개집합 S이고, 공통부분이 없는 2개의 합병으로 나타낼 수 없을 때, X를 연결이라 부른다.

즉, '$X=T\cup S$, $T\neq\phi$, $S\neq\phi$, $T\cap S=\phi$를 만족하는 개집합 T와 개집합 S가 존재하지 않는다'는 것이다.

먼저, 도형 X_1을 위상공간이라 간주했을 때, 연결이 아님을 설명하자. 그림 8-20을 보라.

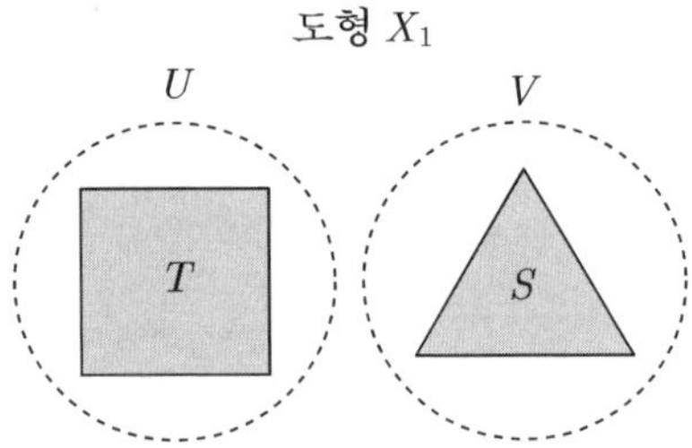

그림 8-20

도형 X_1을 평면의 위상으로부터 유도되는 위상공간이라 간주하자. 그때, 평면의 개집합 U와 도형 X_1의 공통부분은 사각형 T이므로 사각형 T는 개집합이 된다. 마찬가지로 개집합 V와 도형 X_1의 공통부분이 삼각형 S이므로 삼각형 S도 개집합이다. 따라서 위상공간 X_1은 공집합이 아닌, 만나지 않는 두 개집합의 합병으로 나타내었으므로 연결이 아님을 알 수 있다. 연결이 아니라는 것은, 즉 2개의 도형으로 분리된다는 의미이다.

한편, 도형 X_2는 그렇지 않다. 예를 들어, 그림 8-21과 같이 평면의 개집합 U와 도형 X_2의 공통부분에 의해 도형 X_2의 개집합 T를 만들어보자. 도형 X_2에서 T의 여집합은 집합 S인데, 이것은 경계점 P를 가지고 있으므로 개집합이 아니다.

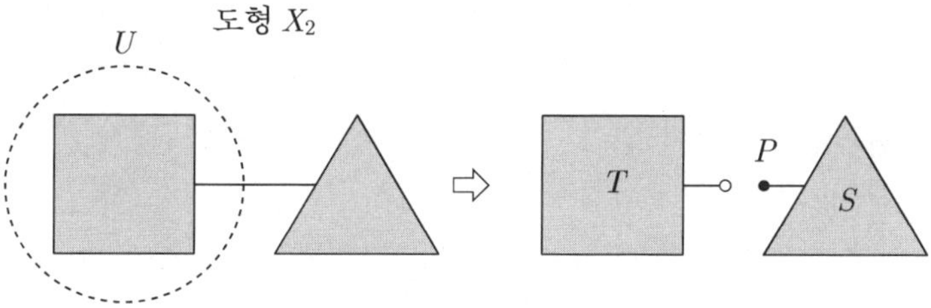

그림 8-21

이것은 평면의 어떤 개집합 V를 준비하더라도 마찬가지임은 상상할 수 있을 것이다. 즉, 위상공간 X_2는 공집합이 아닌, 만나지 않는 개집합의 합병으로 나타낼 수 없으므로 연결임을 알 수 있다.

나아가 위상공간이 연결이라는 것은 2개의 도형으로 분리할 수 없다는 것이며, 반대로 연결이 아닌 것은 2개 이상의 도형으로 분리할 수 있음을 의미한다. 덧붙이자면, 연결일 때 0차원 호몰로지군이 $\mathbb{Z}$가 됨을 제3장에서 설명했다.

연속사상을 일반적으로 정의하다

이상으로 직선이나 평면이나 3차원 공간이 아닌, 특정 도형의 일반적인 집합을 위상공간으로 만드는 방법을 손에 넣었으므로, 일반적인 집합 사이의 사상에 대해서도 연속성을 정의할 수 있다. 자세한 내용을 알아보자.

사상의 연속성

위상공간 X에서 위상공간 Y로의 사상 φ가 연속이라는 것은 다음이 성립하는 것이다. 즉, 위상공간 Y의 임의의 개집합 U에 대해서, 사상 φ에서 U의 원소와 대응하는 위상공간 X의 원소를 모두 모아서 만든 집합($\varphi^{-1}(U)$라 나타낸다)이 X에서 개집합이 된다.

요컨대, Y의 임의의 개집합의 사상 φ에 의한 되돌아오기가 X의 개집합이 될 때, 사상 φ는 연속이라는 것이다.

특히, 사상 φ가 X에서 Y로 일대일 사상이 되어 있고, 사상 φ도 φ의 역사상 φ^{-1}도 연속인 경우, 위상공간 X와 Y는 '동상(同相; 위상동형: homeomorphic)'이라 부른다. 위상공간 X와 Y가 동상이라는 것은 요컨대 점과 점이 일대일 사상하는 것에만 머물지 않고, 원근의 구조까지 같다는 것을 의미한다. 예를 들면, 그림 8-8에서 사상 φ에 의해 두 도형은 동상이 된다. 이것은 일상적으로 말하면, '디자인은 다르지만 위상공간으로서는 동일한, 같은 핸드백 꼴이다'라는 의미가 된다.

더불어 위상공간 X에서 위상공간 Y로의 연속사상 φ가 존재한다고 하자. 이때, 위상공간 X가 연결이면, 사상 φ에 의한 X의 상 $\varphi(X)$(X의 각 점과 사상 φ에 대응하는 Y의 점을 모은 집합)도 위상공간 Y 속에서 연결된 부분집합(위상공간)이 된다. 실제로, $\varphi(X)$가 공집합이 아니고, 만나지 않는 두 집합 S와 T의 합병이므로 개집합 S와 T의 사상 φ에 의한 되돌아오기가 X에 대한, 공집합이 아닌 합병으로 X를 만드는 개집합이 되기 때문이다. 즉, 연속사상에서는 '하나로 연결되기'라는 성질은 보존된다.

실은 제3장에서 정의된 n차원 호몰로지군은 동상인 도형에 대해서는 완전히 같은 군이 된다는 것이 증명되어 있다. 이 점에서 호몰로지군은 '위상불변량'이라 불린다.

소수를 공간화한다

위상공간의 참뜻을 알았으므로, 마지막으로 좀 더 색다른 위상공간을 소개하면서 이 책을 마무리하기로 하자. 그것은 소수의 집합을 '위상공간화'하는 것이다.

이를 위해서는 정수의 환 $\mathbb{Z}$에서의 소아이디얼을 이용한다. $\mathbb{Z}$에서의 소아이디얼은 소수의 배수의 아이디얼 (2), (3), (5), $\cdots$ 에 0의 배수 아이디얼 (0)을 추가한 것이었다. 이 소아이디얼 공간을 $\text{spec}\,\mathbb{Z}$라는 기호로 나타낸다.

$$\text{spec}\,\mathbb{Z} = \{(0), (2), (3), (5), (7), (11), \cdots\}$$

이 소아이디얼 전부로 이루어지는 집합을 위상공간으로 만드는 것이다. 이를 위해서는 개집합의 정의 (i), (ii), (iii)을 만족하는 개집합들을 도입할 수 있으면 된다. 바로 다음과 같은 것이다.

$$T_0 = \{(0)\text{을 부분집합으로 가지지 않는 소아이디얼 전체}\}$$
$$T_1 = \{(1)\text{을 부분집합으로 가지지 않는 소아이디얼 전체}\}$$
$$T_2 = \{(2)\text{를 부분집합으로 가지지 않는 소아이디얼 전체}\}$$

$T_3 = \{(3)$을 부분집합으로 가지지 않는 소아이디얼 전체$\}$
$T_4 = \{(4)$를 부분집합으로 가지지 않는 소아이디얼 전체$\}$
$\vdots$
$T_n = \{(n)$을 부분집합으로 가지지 않는 소아이디얼 전체$\}$
$\vdots$

위의 몇 개를 구체적으로 구해보자.

T_0는 아이디얼 (0)(이것은 0만으로 이루어지는 집합)을 부분집합으로 갖지 않는 소아이디얼이라 정의하였는데, 모든 아이디얼은 0을 원소로 가지므로 이러한 소아이디얼은 존재하지 않는다. 따라서 $T_0 = \phi$(공집합)이 된다.

T_1은 아이디얼 (1)(이것은 1의 배수이므로 정수 전체, 즉 $\mathbb{Z}$)을 부분집합으로 가지지 않는다고 정의하였는데, 소아이디얼은 무릇 정수 전체가 아닌 것이라 정의했으므로 이는 모든 소아이디얼이 해당한다. 즉, T_1은 spec $\mathbb{Z}$ 전체가 된다.

T_2는 아이디얼 (2)(이것은 짝수 전체로 이루어지는 집합)를 부분집합으로 가지지 않는 소아이디얼이므로 (2)를 제외한 모든 소아이디얼이 된다.

T_6은 아이디얼 (6)(이것은 6의 배수 전체로 이루어지는 집합)을 부분집합으로 가지지 않는 소아이디얼로 정의된다. 소아이디얼 (2)는 6의 배수 전체를 부분집합으로 가지며, 소아이디얼 (3)도 6의 배수 전체를 부분집합으로 가진다. 그 외의 소아이디얼은 그렇지 않다. 따라서

$$T_6 = \{\text{spec } \mathbb{Z} \text{에서 } (2)\text{와 } (3)\text{을 제외한 집합}\}$$

이 된다. 일반적으로는

$T_n = \{$$n$의 약수인 소수에 대해서 그 배수
아이디얼을 모두 제외한 나머지$\}$

가 된다.

이제, 이렇게 정의된 무한개의 집합 T_0, T_1, T_2, T_3, $\cdots$ T_n, $\cdots$ 은 개집합의 정의 (i), (ii), (iii)을 모두 만족하고 있음을 증명할 수 있으므로, 이들을 개집합으로 도입하는 것으로

$$(\text{spec}\,\mathbb{Z}\,;\ T_0,\ T_1,\ T_2,\ T_3,\ \cdots\ T_n,\ \cdots)$$

를 위상공간이라 할 수 있다(그림 8-22). 이렇게 도입된 위상을 '자리스키 위상(Zariski topology)'이라 부른다. 자리스키(Oscar Ascher Zariski)는 이 위상을 정의한 20세기 미국의 수학자이다.

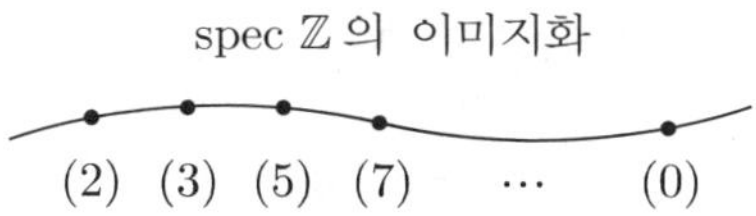

그림 8-22

실제로 (i), (ii), (iii)이 성립함을 확인해보자. (i)에 대해서는 $T_0 = \phi$와 $T_1 = \text{spec}\,\mathbb{Z}$로부터 분명하다.

다음으로 (iii)을 구체적인 예로 보이자. $T_6 = \{\text{spec}\,\mathbb{Z}$에서 (2)와 (3)을 제외한 집합$\}$이었다. 마찬가지로 $\mathrm{T}_{10} = \{\text{spec}\,\mathbb{Z}$에서 (2)와 (5)를 제외한 집합$\}$이 된다. 그러면 T_6과 T_{10}의 공통부분은 $\{\text{spec}\,\mathbb{Z}$에서 (2), (3), (5)를 제외한 집합$\}$이 된다. 이것은 분명히 T_{60}이다. 마찬가지로 T_n과 T_m의 공통부분은 T_{nm}임을 알

수 있다.

마지막으로 (ii)를 보이자. 무한개의 T_n, T_m, ⋯ 의 합병집합은 어떻게 될까? 이것은 n, m, ⋯ 모두의 공통약수가 되는 소수 p에 대해 소아이디얼 (p)를 spec $\mathbb{Z}$에서 제외한 집합이 된다. 이것은 그들 소수 p 전부의 곱을 k라 하면 T_k이다.

이것으로 정수의 환의 소아이디얼을 모은 집합 spec $\mathbb{Z}$가 위상공간이 되었다. 즉, 원근감의 구조가 도입된 도형적인 공간이 되었다는 것이다. 공집합이 아닌 개집합은 모두 공통원소를 가지고 만나므로 이 위상공간은 연결이다(그림 8-22).

실은 어떤 환 R에서도 소아이디얼의 집합 spec R에 대해, 똑같은 정의 방법으로 위상을 정의해서 위상공간으로 만드는 것이 가능하다. 각 아이디얼 I에 대해서 집합 $T(I)$를

$$T(I) = \{\text{아이디얼 } I\text{를 포함하지 않는 소아이디얼 전체}\}$$

라 정의하면, 이들 집합 $T(I)$들이 개집합의 정의 (i), (ii), (iii)을 만족하기 때문이다. 단, 지금의 증명은 소수의 성질을 전적으로 사용하여 증명했으므로 같은 방법으로 이것은 증명할 수 없다. 좀 더 소아이디얼의 본래의 정의로 돌아가서 증명해야 한다. 이것에는 꽤 정교한 준비가 필요하므로, (iii)의 증명만을 보이기로 하자(다른 증명에 대해서는 참고문헌 [1], [13]을 참조하라).

아이디얼 I와 J에 대해서 $T(I)$와 $T(J)$의 공통부분 $T(I) \cap T(J)$가 I와 J의 공통부분인 집합 $I \cap J$에 대한 $T(I \cap J)$가 됨을 증명한다.

먼저, 소아이디얼 P가 $T(I \cap J)$의 원소라 하자. 즉, P는 $I \cap J$

를 부분집합으로 포함하지 않는다. 그러면 P는 I의 일부분인 $I \cap J$를 포함하지 않으므로 P는 I를 부분집합으로 포함하지 않는다. 마찬가지로 P는 J도 부분집합으로 포함하지 않는다. 그러므로 P는 $T(I)$와 $T(J)$의 공통원소이며, $T(I) \cap T(J)$의 원소가 된다. 다음으로, P를 공통부분 $T(I) \cap T(J)$의 원소라 하자. P가 $T(I)$의 원소이므로, P는 I를 부분집합으로 하지 않는다. 즉, I의 원소 a이고 P의 원소가 아닌 것이 있다. 마찬가지로 J의 원소 b이고 P의 원소가 아닌 것이 존재한다.

이때, 곱 ab를 생각하자. 아이디얼의 원소의 배수는 역시 같은 아이디얼의 원소라 정의되어 있으므로, ab는 아이디얼 I의 원소이기도 하고 아이디얼 J의 원소이기도 하다. 즉, ab는 $I \cap J$의 원소이다. 그런데 a와 b는 P의 원소가 아니므로 소아이디얼의 정의로부터 ab는 P의 원소가 아니다. 즉, P는 아이디얼 $I \cap J$를 부분집합으로 하지 않는다. 따라서 P는 $T(I \cap J)$의 원소가 된다. 이상으로부터

$$T(I) \cap T(J) = T(I \cap J)$$

를 보였다. 즉, 두 개집합의 공통부분도 개집합이 된다.

이렇게 환의 소아이디얼 전체를 위상공간으로 만들 수 있다. 그리고 이들을 서로 잘 붙여서 더욱 큰 위상공간으로 만든 것을 '**스킴**'[1)]이라 부른다. 스킴은 그로텐디크[2)]가 고안한 획기적인 수학적

1) 대수기하학에서 스킴(영어: scheme, 프랑스어: schéma)은 국소적으로 가환환의 스펙트럼과 동형인 공간이다. 대수다양체와 대수적 정수환들의 공통적인 일반화이다.

2) Alexander Grothendieck(1928~2014): 주로 프랑스에서 활약한 독일 출신의 유태계 프랑스 수학자이다.

대상이다. 스킴 이론은 현대 수학을 크게 진전시킨 원동력이 되었다. 또 현재(2014년 3월)도 미해결인 리만 가설을 풀기 위한 유력한 도구로 기대되고 있다(참고문헌 [1]을 참조하라). 이 스킴을 아는 것만으로도 수학자의 관점이 얼마나 환상적이고 창조적인지 엿볼 수 있다.

후기

수학이 이끄는 색다른 세상을 향한 여행

저는 수학에는 두 가지 면이 있다고 생각합니다. 첫 번째는 추리 소설적인 측면, 두 번째는 공상과학 소설적인 측면입니다.

수학이 추리 소설적이라는 것은 수수께끼 풀이와 같은 면이 있기 때문입니다. 방정식을 풀어 답을 구한다든지, 혹은 보조선을 발견해서 도형의 성질을 증명하는 것을 예로 들 수 있습니다. 이것들은 추리 소설의 수수께끼 풀이와 유사한 단계로 되어 있습니다. 그러나 수학이 추리 소설적이라고 하는 것은 주로 학교수학·수험수학에만 적용되는 것입니다. 수업이나 수험에서 주어진 수학 문제는 '미리 답이 준비된 문제'이며, 거기에는 반드시 어떠한 '줄거리', '교육적인 의도'가 있습니다.

한편, 가장 최신의 수학, 진짜 수학에는 '준비된 답'이 없습니다. 수학자들은 항상 '아직 찾지 못한 답'을 구하려고 연구하고 있습니다. 보다 정확하게 말하자면, '문제와 답을 동시에 탐구하고 있다'라고 해야 할 것입니다. 이러한 수학자들은 수수께끼 풀기를 하는 것이 아니라, '새로운 세계를 만드는' 작업을 합니다. 자신들의 인식 세계를 넓히고, 그 넓어진 세계가 어떤 **정체**(素性)의 공간이며, 그런 공간에서 수나 함수는 어떤 행동을 하는가, 그것을 밝혀내는 것이 수학이라는 작업입니다. 이것이 바로 색다른 세계를 그려내는 공상과학 소설과 유사한 작업이라 말할 수 있을 것입니다.

이 책에서는 수학의 공상과학 소설적인 측면을 소개했습니다. 거기에는 아이디얼, 유한체, 위상공간, 스킴 등의 색다른 세계가 펼쳐져 있습니다. 독자 여러분이 이 책을 통해 현대 수학이라는 공상과학 소설적인 색다른 세계를 여행했다면 그보다 기쁜 일은 없을 것입니다.

이 책의 아이디어는 수학자인 쿠로카와 노부시게(黒川信重) 선생님과의 대담에 의해 2권의 책을 만드는 과정 중에 거둔 결실입니다. 쿠로카와 선생으로부터 수론을 전개하는 스킴이라는 공간의 설명을 듣고 있는 가운데, 이런 즐겁고 멋진 것을 많은 사람들에게 전하고 싶다고 생각하게 되었습니다. 쿠로카와 선생님께 감사의 말씀을 드립니다.

이 책은 PHP연구소의 미즈노 히로시(水野寛)가 기획·편집을 맡았습니다. 현대 수학을 정면에서 설명한다고 하는, 신서(新書)에는 그다지 적합하지 않은 기획을 제안해준 것은, 수학에 조예가 깊은 편집자이기에 가능했던 과감한 결단이라 생각합니다. 덕분에 저는 독자 여러분에게 전하고 싶었던 내용을 마음껏 쓸 수 있었습니다. 이번에도 후의와 용기를 가진 편집자를 만날 수 있어서 행운이었다고 생각합니다.

2014년 4월

코지마 히로유키

근과 해의 차이

원래 '근'과 '해'의 의미는 다르다. 해는 가장 일반적으로는 어떤 조건을 만족하는 것을 가리키는 용어로, 예를 들어 함수 $f(x)=e^x$ 는 미분방정식 $f'=f$ 의 해이고, $x=2$ 는 부등식 $x+1>2$ 의 해이며, $x=1$ 은 방정식 $x^3-3x+2=0$ 의 해이고, 원은 "둘레가 같은 평면도형으로 넓이가 최대인 것을 구하라"는 문제의 해이다. 이때 문제를 푼다는 것은 먼저 해의 존재·비존재를 알고, 해가 있다면 유한개인지 무한개인지 알아내는 것이다. 그런 후에 해를 구하는데, 해가 무한개인 경우에는 해 전체가 이루는 집합을 결정하고 그 집합의 특징적인 구조를 분명히 하는 것까지가 문제 풀이에 해당한다. 예를 들어, 위에서 제시한 "부등식 $x+1>2$ 를 풀어라(해를 구하라)"라는 문제의 경우, 해를 하나만 구하는 것으로는 문제를 풀었다고 할 수 없고 해 전체가 이루는 집합 $\{x \mid x>1\}$ 을 구해야 한다.

한편 근은 1변수 다항식에 이용하는 용어이며, 가환환(commutative ring) R 에 1변수 다항식 $P(X)\in R[X]$에 대해 $P(a)=0$ 이 되는 값 a 를 다항식 $P(X)$ 의 근(root 또는 zero)이라고 부른다. 따라서 다항식 $P(X)$ 의 근 a 는 방정식 $P(X)=0$ 의 해이다. 다항식의 근은 단순히 '$=0$'으로 둔 방정식의 해라는 의미인 것이다. R 이 정역(整域)일 때 다항식 $P(X)$ (R 의 상체(商体)의 대수적 폐포(閉包)에서의) 근 전체는, 상수 배를 제외하고 $P(X)$를 결정한다. 특히 최고차항의 계수를 1로 하면(이때 P는 monic이라고 한다) 일의적으로 결정된다. 단, 엄밀하게는 근의 중복도(multiplicity)를 생각해야 한다. 그런 의미에서 다항식 x^3-3x+2의 근 전체라고 하면, 1, 1, -2 (혹은 1(이중근), -2)라고 해야 하며, 중복도까지 넣어야 본래 다항식 $(x-1)^2(x+2)=x^3-3x+2$로 복원할 수 있다. 이것이 바로 다항식의 '본래가 되는 것= root'이다.

참고문헌

[1] 黑川信重·小島寬之,「21世紀の新しい数学」, 技術評論社.

[2] 田村一郎,「トポロジー」, 岩波全書.

[3] 瀬山士郎,「トポロジー：柔らかい幾何学」, 日本評論社.

[4] 小島寬之,「天才ガロアの發想力」, 技術評論社.

[5] 草場公邦,「ガロワと方程式」, 朝倉書店.

[6] 中島匠一,「代数方程式とガロア理論」, 共立出版.

[7] 小島寬之,「世界は2乗でできている」, 講談社ブルーバックス.

[8] 黑川信重·小山信也,「ABC予想入門」, PHPサイエンス·ワールド新書.

[9] 小島寬之,「数学入門」, ちくま新書.

[10] 海老原円,「14日間でわかる代数幾何事始」, 日本評論社.

[11] 松坂和夫,「集合·位相入門」, 岩波書店.

[12] 一樂重雄,「意味がわかる位相空間論」, 日本評論社.

[13] 上野健爾,「代数幾何」, 岩波書店.

[14] J. ノイキルヒ,「代数的整数論」, 足立恒雄 監修, 梅垣敦紀 譯, 丸善出版.

[15] 小島寬之,「無限を読みとく数学入門」, 角川ソフィア文庫.

찾아보기